全国中小学图书馆（室）推荐图书
教育部基础教育课程教材发展中心

奇趣大自然

Qiqu Daziran

小精灵生活秘密

[英]阿拉贝拉·巴克利◎著

陈曦　夏星◎译

水中小精灵　天空小精灵

世界经典少儿科普读物

了解大自然的情感化读本

暨南大学出版社
JINAN UNIVERSITY PRESS

中国·广州

图书在版编目（CIP）数据

小精灵生活秘密/［英］阿拉贝拉·巴克利（Buckley A. B.）著；陈曦，夏星译．—广州：暨南大学出版社，2013.7（2015.9 重印）
（奇趣大自然）
ISBN 978－7－5668－0579－9

Ⅰ．①小…　Ⅱ．①阿…②陈…③夏…　Ⅲ．①昆虫—少儿读物②鸟类—少儿读物　Ⅳ．①Q96－49②Q959.7－49

中国版本图书馆 CIP 数据核字（2013）第 094461 号

出版发行：暨南大学出版社

地　址：中国广州暨南大学
电　话：总编室（8620）85221601
　　　　营销部（8620）85225284　85228291　85228292（邮购）
传　真：（8620）85221583（办公室）　85223774（营销部）
邮　编：510630
网　址：http://www.jnupress.com　http://press.jnu.edu.cn

排　版：广州市天河星辰文化发展部照排中心
印　刷：佛山市浩文彩色印刷有限公司

开　本：787mm×960mm　1/16
印　张：7.25
字　数：78 千
版　次：2013 年 7 月第 1 版
印　次：2015 年 9 月第 3 次

定　价：16.80 元

前　言

我写这些书，是为了让孩子们对乡村生活产生兴趣。书中的语言都极其简单，以便孩子们每次上课都能大声朗读出来，但是其中的信息还需要教师进行解释和说明。事实上，我是想让这些课程作为口头教学的基础，教师在授课的过程中，鼓励孩子们带来标本、进行观察、提出问题。然后，等到孩子们对一课一读再读以后——多数课本都是这样的——就会掌握这些知识了。

我比任何人都清楚，这些大纲有多么微不足道，由于篇幅所限，还有很多内容未及详述。不过，我希望热爱自然的教师能从书中得到启发，并将这些空白填补起来。

那些有趣的插图会帮助孩子们认识书中提及的动物和植物。

阿拉贝拉·巴克利（费舍夫人）

序

我们几个小伙伴——彼得、汤姆和保罗，天天一同走去上学，我们都很喜欢花儿和动物，所以每天都想努力找到新发现。

彼得是个小男孩，他还不会写字，只会读书。可他的眼光很敏锐，就数他在树篱里面看见的东西最多。汤姆的爸爸是名猎场总管，所以他认识鸟儿，也知道在哪儿能找到鸟窝。保罗家是经营农场的，他是个大孩子，而且很快就要成为一名教师了。

我们总是在榆树下的大池塘边碰头，然后沿着一条乡间的羊肠小道，走过村里的公共草地，穿过树林，再越过三块庄稼地，就到了村里的学校。

我们发现池塘附近各种生物应有尽有：乡间小道上有甲虫和田鼠、花儿和浆果、鸟窝和蜂巢；公共草地的金雀花上，蜘蛛结下它们的网；犁过的田地里，云雀藏着它的窝；草地上有金凤花和雏菊；玉米地里则长着矢车菊。

保罗会替我们把看见的一切都记下来，再编成一本书。

总目录

水中小精灵

目　录

第一课　青蛙的一生

呱，呱，呱，三月一到，我们就能听见青蛙的叫声了。这个月就数青蛙最吵闹了，因为三月份以前它们都在池塘的水底冬眠，这会儿才刚刚醒来。

母青蛙把小小的黑色的卵产在水里，每颗卵都只有沙粒那么大，并且外面裹着一层果冻一样的胶状物。这层胶状物在水里渐渐膨胀，最后长到豌豆大，且中间都有一个小黑点。它们紧紧地黏结在一起，几乎在所有的池塘里你都能看见这些黏在一起的胶团，这些胶团会被风吹到岸边。

很快，胶团里的小黑点（小蝌蚪）就变长了，一头长出了脑袋，另一头长出了尾巴。脑袋上长出了嘴巴，但是还没有长出眼睛来，它的尾巴四周还长着鳍。小蝌蚪就在它那黏糊糊的“床”上扭来扭去。

大概一个星期以后，小蝌蚪从胶团里钻了出来，靠嘴巴吸在水草上（见图 1-1 之 a）。然后它的脑袋两边各长出了一簇奇怪的东西，它就用这些东西来呼吸水里的空气。如果你把杯子放到池塘里去抓一些小蝌蚪上来的话，就会看见这些了。

这个时候的小蝌蚪已经不用吸在水草上了，而是可以在水里游来游去。它的嘴巴上长出了锋利的喙，这可以让它把草叶一点一点地扯下来吃掉。这时小蝌蚪的眼睛、鼻孔和扁平的耳朵也长出来了。两簇外鳃渐渐萎缩，上面长出了鳃盖（见图 1 – 1 之 b），像鱼的鳃一样，这样你就看不见它的鳃了。它用嘴大口大口地把水喝进去，再通过鳃盖排出来。在这个过程中，鳃获取了水里的空气，于是小蝌蚪就能呼吸了。

图 1 – 1　青蛙和蝌蚪

没过多久，小蝌蚪的身体两侧长出两个小鼓包，就在鳃盖后面，跟它的尾巴连在一起。这两个鼓包越长越大，最后长成了两条后腿。这两条腿很长，也很强壮，小蝌蚪就用它们来游泳。不久两条前腿也长出来了，不过此时你还看不见，因为它们长在鳃盖的下面。过了几天，前腿才渐渐露了出来（见图中1－1之c），但还是又粗又短。

如今，咱们的小蝌蚪有了四条腿和一条尾巴。它的前脚掌上有四个脚趾，后脚掌上则有五个脚趾，各脚趾间还连着一层皮。由于它的后腿上长的是蹼足，这让它更加方便游泳。

小蝌蚪现在到水面上来的次数比以前多得多，还从嘴里吐出气泡来。你猜这是为什么呢？因为它那鳃盖底下的鳃已经闭合了，一个小气囊在身体里渐渐长出来，所以它要浮上水面来用嘴呼吸空气，而不是在水里用鳃呼吸。

现在的小蝌蚪喜欢跳上草叶，坐在阴凉底下。尾巴也没有用处了，因为它可以很好地用腿来游泳，于是尾巴便慢慢地作为养分被身体吸收了。

这就是小青蛙了（见图1－1之d）。要是你把它脚趾间的蹼朝着太阳，就会看见里面流着红色的血液。不过它的血可不像我们人类的这么热。因为青蛙的血液流动得很慢，所以它始终都是冷冰冰、潮乎乎的。

青蛙的上颚长着几颗牙齿，还有一条很特别的舌头——舌根是长在嘴巴前端的，黏糊糊的舌尖却朝下向着喉咙。如今它可不吃水草了，而是吃昆虫和鼻涕虫。捕食时，青蛙就把舌头猛地伸出去，再飞快地缩回来。

夏天里，青蛙主要生活在陆地上。如果没被鸭子、老鼠或者蛇吃掉的话，到了冬天，它就会钻到池塘水底的泥巴里去冬眠，一直睡到来年春天。

第二课　蜻蜓和伙伴们

每一个想要了解水生动物的孩子都应该自制一张网，好到池塘里去捞东西。首先找一根柳条，拿细绳把它捆成一个圈，再用棉布做一个口袋，在袋底缝上一块小石头，然后把布袋的口缝到柳条圈上。接下来，到树篱里面找一根树枝，在上面紧紧地系上一根长绳，把长绳的末梢一分为二，系在柳条圈的两边。现在你就有了一张网，可以放到池塘底部去捞小生物们上来了。你最好再准备一只广口瓶，好把捕捞到的东西放进去。我知道在农场院子外面有一个背阴的池塘，就在一条小路的转角处。阳光明媚的天气里，那儿的小虫子们可忙活了。

在池塘的一角，豉（chǐ）虫一圈一圈地游着，在水里划出好多圆圈来。它们那闪闪发亮的黑色外壳在阳光下看起来几乎都发绿了。时不时地有一只豉虫跳起来捕食空中的苍蝇，或者又有一只潜到水下去吃虫子。你把网放到水里，从豉虫身子底下飞快地捞上来，将它放到瓶子里，这样就可以仔细观察它了。

乍一看，你会以为豉虫有四只眼睛，因为它的两只眼睛都是一分为二的，一半朝上看着空中，另一半朝下看着水里。所以豉虫眼球在转圈的时候，既能看见空中的苍蝇，也能看见水里的虫子。

蚊子在池塘上方轻快地飞来飞去，一大群长着薄纱翅膀的大飞虫也在飞，我们称之为“蜉蝣”。另外一种飞虫则更漂亮，它有三英寸（约合 7.6 厘米）长，长着四只巨大的薄纱翅膀，从灯心草丛里飞起来，飞过池塘的上空。

没有哪个男孩子不认识蜻蜓的。它那漂亮的翅膀上有着纵横交错、被风吹得鼓起的翅脉，在阳光下闪耀出红色、蓝色和绿色的光芒。蜻蜓的尾巴很长，身体很粗，长着六条腿，圆圆的脑袋上有两只巨大的眼睛。每只眼睛里面都有成千上万只小眼睛，所以蜻蜓在四处猛冲着捕食撞到自己眼前的蝴蝶和飞蛾时，既能看见上边和下边，也能看见左面和右面。捕食以后，它便停在水边的植物或是灌木上休息，休息好了就再回到池塘上空飞来飞去（见图 2－1）。

要是你在四月经常去有蜻蜓的池塘边，你有可能会看见蜻蜓是如何从水里到空中开始生命旅程的。

过程是这样的。有一只巨大的昆虫在水下顺着植物的茎秆往上爬。它的身体跟蜻蜓一样大，而且也有六条腿。但是看起来呆头呆脑的，好不奇怪；在原本应该长翅膀的地方，它却只有两个短短的翅芽。

这只昆虫慢慢地顺着植物茎秆往上爬，直到爬出水面来到空中。接下来，奇怪的事情发生了——它背上的皮肤裂开了，一只真正的蜻蜓从里面爬了出来。

图 2－1　蜻蜓

最先出来的是蜻蜓的脑袋，再是身体和六条腿以及四只软软的、皱巴巴的翅膀，最后才是尾巴。小蜻蜓现在还不会飞，只能站在蜕下的空壳旁，慢慢地对着太阳将翅膀展开。几个小时过去后，翅膀就变得又长又硬，非常强壮。然后，它便可以在池塘上空飞舞着捕食了。

蜻蜓就是这样从水中来到空中的。要想在水下找到它就不是那么容易了，不过下个星期咱们就用网来捞捞看。今天我们在池塘的水面上已经看到了很多，所以没有充足的时间去捞池底的泥巴了。

第三课　在水下

今天就用得着咱们的网了，这时我们需要紧紧地抓住树枝，把网伸到池塘里，就像渔夫扔出鱼饵那样。网上绑着的小石子会慢慢地带着网沉下去。这会儿如果你轻轻地把它从泥巴和水草间拉出来，肯定会捞到些什么的。

把网拉回收到岸上来，放在草地上，再把你捕获的东西放进装着清水的瓶子里。你也许会捞到一条小鱼，几条蝌蚪，或者是几个钉螺，也有可能是奇怪的蜻蜓幼虫。我敢肯定你想不到它是蜻蜓的幼虫，可它的的确确是。

蜻蜓幼虫身体很长，全都是一节一节连在一起的，有六条腿，眼睛倒是跟蜻蜓挺像的。它没有翅膀，下巴底下却长着一条很奇怪的手臂，手臂末端还有钳子一样的螯（áo）。这实际上是它下嘴唇的一部分，叫作脸盖，上面有关节，可以折起来收到下巴底下。蜻蜓幼虫要是想吃食了，就待在泥巴里静静地等着，等到有甲虫或是水蝽经过它身旁时，它便伸出脸盖，用螯抓住猎物。

再来看看蜻蜓幼虫的尾巴。它的尾巴有时是尖尖的，有时又会像花瓣一样打开。当尾巴打开的时候，幼虫就会把水吸进来，吸收水里的空气，再把水排出去，用这个推力让自己在池塘里前进。

蜻蜓幼虫会在池底生活两年，所以如果你去捞的话，应该是能捞到的。它要蜕很多次皮才会长出翅芽，然后爬上植物茎秆——就像咱们在上一课里看到的那样——变成蜻蜓。

现在咱们的网里还有什么？乍一看你也许以为只有一小截树枝，或是一块泥巴里面掺着几块小石子，又或者是缠在一起的几根水草。确实是有这些。但是这里面还有活着的东西呢。要是仔细看的话，你就会看到有一只虫子的脑袋从里面伸了出来，后面还有六条腿。这种软软的小东西名叫“石蚕”。把网里的水草、树枝、小石子、贝壳清理掉以后，你就会看到石蚕这条柔软的虫子。它有六条腿，腹部还有几小簇毛。石蚕就用这些毛来呼吸，像蝌蚪一样。

你也许常常看见石蚕在水底往前爬，看上去就像会动的一小把树枝或是小石子，没准你不用网就能把它们抓起来。石蚕在身体周围用树枝或石子建造这些保护壳，就是为了保护自己那柔软的身体不被捕食，因为鱼儿可喜欢吃它们了。

渐渐地，石蚕会变成蛾子那样的黄褐色小飞虫，夜晚时分在水面上忽高忽低地飞着。我们看到石蚕的时候，往往不会看到蜉蝣和蚊子，因为后者不喜欢阳光。

你用网很可能会从水里捞起很多小虫子来。不过你可得看仔细了，因为它们都很小很小，有些虫子的身体两侧都长着毛。这些幼虫长大了以后就是你所看见的蚊子和蜉蝣，它们通常在池塘上空飞来飞去。这些幼虫在水里生活一段时间后，就会来到空中，一旦它们来到空中，就只能活几个小时了。

第四课 刺鱼的巢

五月一个晴朗的日子里，阳光明媚，草儿青青，泰晤士河岸边的灌木丛长满了新叶。

在河里的一个凹陷处，有一条小鱼正在筑巢。这是刺鱼，它身长还不足两英寸（约合 5.1 厘米），背上支棱着三根尖刺。男孩子们常常会捉到这种鱼，然后把它装在瓶子里，或是卖给家里有玻璃鱼缸的人。

看刺鱼在灌木丛的树荫底下筑巢很有意思。刺鱼找来小块的根须和细长的草叶，把它们做成一个小茶杯碟的形状放在河底。接着，它又找来更多的根须和草叶，从嘴里吐出黏液把它们黏在一起。这样巢穴的侧面和圆顶就做出来了。完工以后，刺鱼的巢穴大约有一颗大醋栗那么大。

刺鱼的巢穴位于水面以下六英尺（约合 182.9 厘米）的地方，有一个洞从中间穿过。当刺鱼把脑袋从一头钻出来的时候，它的尾巴就从另一头伸了出来。不过它筑巢可不是要给自己住，而是为它的小宝宝们准备的。

雄刺鱼是一条漂亮的小鱼，背部闪闪发亮，肚子则是鲜艳的红色，绿中透蓝的眼睛像宝石一样闪耀着光芒。现在它已经筑好了巢，可以游出去找个伴了。很快，一条雌刺鱼就跟它一起回来了，不过雌刺鱼可没有它的颜色这么鲜艳。雄刺鱼跟它玩耍，驱赶它，哄骗它，直到雌刺鱼最后从小洞钻进巢里，过了一小会再从另一头钻出来。

雌刺鱼已经产下了一小团黄色的卵，将它们留在巢里，然后便扬长而去不再理会。于是雄刺鱼钻进巢里，照看起这些卵来。一颗卵还没有罂粟籽那么大，一整团也很小。它摇动着巢穴，把卵拨到一个温暖舒适又安全的角落。接着，它游到巢的上方，摇着鱼鳍好让新鲜的水流进巢穴再流出来。

雄刺鱼会时不时地游进巢里，用嘴把一些脏的沙子衔出来，然后在水里吹走。你瞧，它想让巢里总是干干净净的。

这些事它天天都做，一直到三个星期后——卵孵出来了。

一群小刺鱼游了出来，它们很小很小，而且是透明的，你会以为其他鱼都看不见它们。不过雄刺鱼知道得可清楚了，有好多好多饿着肚子的鱼对这些小鱼苗虎视眈眈呢。这些小刺鱼还很弱小，得在腹部带一个食物袋，在能吃东西以前，它们就从这里面汲取营养。

勇敢的雄刺鱼竖起它那三根背刺，只要有鱼想来咬它的小宝宝，它就愤怒地朝人家冲过去，抓住它们的鱼鳍，刺它们的眼睛，把它们赶走。

雄刺鱼在河底用沙子圈出一处小小的地方，把小刺鱼都赶到里面，自己则在旁边看着它们。甚至等到小刺鱼们长出自己的背刺、能大胆地游出去以后，它还跟在它们后面游到河里，以确保它们的安全。

在河里和池塘里，只要仔细去找，你也许能看到很多刺鱼巢穴。或者你也可以捉几条雄刺鱼装进瓶子，再把它们和很多水草以及鱼食一起放到一个大平底玻璃杯里，你就很可能会看见刺鱼筑巢，看到它是一个多么好的父亲。

第五课　翠　鸟

嘘！别出声儿！河边柳树的枝杈上有一只翠鸟。要是我们吓到它一回，它就会飞走，以后就再也见不着了。

在绿色树叶的映衬下，翠鸟多好看呀！长长的嘴，粗短的尾巴，跟麻雀差不多大，身上仿佛穿着一件七色的彩虹衣裳。

雄翠鸟的背上有一道浅蓝色的条纹，脑袋和翅膀是漂亮的绿色，羽毛尖上有蓝色的斑点。嘴是黑色的，下巴和喉咙则是白色。眼睛后面有一道红色的条纹，条纹后面长着白色的软毛。胸脯像铜币一样闪闪发光。雄翠鸟就连脚都是红色的，在灰暗的树枝上显得非常鲜艳。

此时雄翠鸟正看着柳树下静静的池塘，偷偷瞄着在水下游来游去的鱼儿。瞧！它俯冲到水里，很快就衔着东西回来了，原来是一条小杂鱼。雄翠鸟在树枝上轻轻敲打着小鱼的脑袋，然后把它头朝下吞了下去。

雄翠鸟又一次下去了，用同样的方法再次抓回一条小鱼。在吃这条鱼的时候，另一只翠鸟飞了过来，停在了它的身边。这是它的伴侣——一只雌翠鸟，刚才在稍微远一点的地方捕鱼。雌翠鸟的毛色没有雄翠鸟这么鲜艳，下巴底下还有一点红色。

现在该回家了，翠鸟们一边发出“西普——西普——西普”的叫声，一边飞走了。它们就住在河边的树上和灌木上。你要永远记住，鸟儿从来不住在窝里。鸟窝只是它们生蛋的地方，也是它们小宝宝的摇篮。小鸟一旦学会飞翔，就会和父母一起飞走，不会再经常住在鸟窝里，除非是它们自己要筑巢生蛋了。

我知道你很难找到翠鸟的巢，所以我一定得跟你说说这个。雌翠鸟想要下蛋时，翠鸟们就在河岸上挖一条地道，地道挖好以后，它们会飞快地钻进去，你都看不到它们去了哪儿。

不过，如果你知道它的巢在哪里，从上面挖下去的话，就会看到一个既温暖又舒适的小洞，大约有六英寸（约合 15.2 厘米）见方，洞底铺着一些鱼骨头，这是鸟爸爸和鸟妈妈放的。这些鱼骨头混在一起，构成了一层漂亮的隔板，好让湿气能排出去。

在鱼骨头上，躺着一些亮晶晶的白色鸟蛋。如果雌翠鸟下的蛋跟往常一样多的话，那就应该有七枚鸟蛋。如果鸟蛋已经被孵出来了，就应该有七只幼鸟。每一只幼鸟都长着五彩缤纷的羽毛，它们和爸爸妈妈唯一的不同之处在于，幼鸟的嘴要短一些。

你也许找不到翠鸟的巢，但是你很有可能在河上看见一些幼鸟。有一回，我跟一个朋友出去钓鱼，他把鱼竿伸到水面上时，突然有两只小翠鸟飞起来停在上面，休息了一会儿就飞走了。他第二次把鱼饵扔到水里不一会儿，又有两只翠鸟飞起来停在鱼竿上，不久后也飞走了。很显然这些就是刚刚从巢里出来的幼鸟，还飞不了多远。

图 5－1　翠鸟

在河边所能看到的所有鸟儿当中，就属翠鸟的毛色最鲜艳。它们漂亮极了，或在绿叶间栖息，或在水面上盘旋（见图 5－1）。你要是见过一次，就会还想见到它。

第六课 水鼠（麝鼠）

你见过河鼠吗？我说的可不是跑到河里去游泳的老鼠，我说的是麝鼠，或者应该叫它水鼠，因为它其实并不是真正的老鼠。有一回我看见一只水鼠，不过它起初没看见我。你猜它当时在干什么？它正用两条后腿直立着，前爪捧着一片黄菖蒲的叶子（这种植物在河边长得可茂盛了）；它捧的是叶子靠近根部的部分，厚实多汁，所以啃得不亦乐乎，都没发现我。

水鼠是一个胖胖的小家伙，个头没有老鼠那么大。作为吃素的动物，没有黄菖蒲吃的时候，它就吃浮萍，或者吃嫩柳树的树皮。我看见水鼠的脖子又粗又短，脑袋圆圆的，嘴巴也很短，眼睛很小。我几乎看不到水鼠的耳朵，因为被厚厚的皮毛盖住了。它的圆尾巴并不长，上面还长着短毛（见图6－1）。

我静静地在河岸上离水鼠不远的地方坐下。就在这时，它张望了一下四周，瞧见了我。不过我一动都没有动，所以它也许没有意识到我是个大活人，又继续大嚼特嚼起它的叶子来。

图 6－1　水鼠

后来，我的脚碰到了一片落叶，水鼠立刻就听到了，转过头来，用亮亮的小眼睛看着我，才一眨眼的工夫就跳到水里游走了。我还没来得及看清它是如何钻进洞里的，不过在离黄菖蒲不远的水下找到了一个洞。

我知道这应该不会是它的洞，因为水鼠挖的地道会很长，但我还是一连几天都到这儿来，还带了一些面包放在这里。终于有一天，正当我坐在那里观察的时候，我的水鼠“小朋友”出来了，还吃起面包来。那之后我们又见过几次，它也不再那么怕我了。不过我还是得非常小心——一有风吹草动，它就会“扑通”一声跳进水里！

要是你常常在清晨或是万籁俱寂的晚上到池塘边、河边的话，也许会看见水鼠在水里游泳，或是在岸上觅食。它的黄牙齿可漂亮了，下面的牙齿很大，清清楚楚地从它那短短的下嘴唇里面露了出来。

小水鼠是非常好看的小动物。水鼠爸爸和妈妈在地洞里用干草做了窝，小水鼠就出生在这样的窝里。等到它们从洞里出来时，就跟在爸爸妈妈的周围游泳、吃浮萍。

水鼠主要生活在水里，不过它也会到陆地上来采集过冬的粮食，常常给农民惹来大麻烦。它爱吃胡萝卜和马铃薯，还爱吃蚕豆。这些都长在地里，它就晚上来吃，还会小块小块地运回家里。

曾经有位农夫挖开过一个水鼠洞，发现里面的马铃薯和饲用甜菜可以足足装满一加仑瓶子。

第七课　水鸡与蹼鸡

如果你上学时要走河边小路，而河边大树的树枝伸到了水面上，那么你很有可能见过水鸡和它的小鸡崽。或许你还会知道水鸡的窝在哪里，要是不在灯心草丛里，那就在水边大树的树枝上。

水鸡的窝是用枯萎的灯心草做的，虽然离水面很近，窝里却是既干燥又暖和。要是你下水的话，就可以看到窝里有些什么东西了。你会看到里面有八枚浅灰色的蛋，蛋上还有一块一块的红褐色斑点。也许有些蛋已经被孵化出来了，那样小水鸡就会跟妈妈一起藏在灯心草丛里，它们就像黑色的小毛球，脑袋上有一块是红色的，尾巴上还有白色的羽毛。小水鸡们一出生就会跑、会游水。你要是总看着不走，藏在灯心草丛里的水鸡妈妈就会发出“克洛——克洛”的声音来赶你走。

水鸡妈妈通体乌黑，跟鸽子差不多大，长着鲜红色的额头和黄色的鸟嘴，翅膀边缘和尾巴下面是白色的。它游水时总会把头缩在下面，所以你只能看见白色的羽毛、绿色的双脚和红色的脚踝。

小水鸡们孵化出来以后，过不了多久就会从窝里溜出来，在水鸡妈妈的周围游水了。要是你静静地躲在灌木丛里，没准会看见它们全都从窝里出来，到岸上吃虫子和蜗牛。此时你会发现，它们的脚没有蹼，四个脚趾头全都是分开的，和鸭子的脚可不一样。

不过，如果你发出一丁点儿响动，水鸡妈妈就会对小水鸡们发出“克莱克——克莱克”的喊声，然后它们会全都跳到水里，游到灯心草丛中安全的地方。它们不会回到窝里，哪怕你用树枝拍打灯心草丛，它们也不会动，因为它们知道自己藏身的地方更安全。

这种鸟也常常被称作“泽鸡”，因为它有时候也会到荒泽里去。不过水鸡这个名称还是更恰当一些（见图7－1）。

图7－1　水鸡和小水鸡们

如果附近有大湖的话，你不仅会看到水鸡，还会看到另外一种鸟。很多人都会以为这种鸟是水鸡，因为它也同样会把脑袋缩起来潜到水里。不过你要是仔细看，就会发现这种鸟的额头不是红色的，它的头上有一块大大的秃斑，个头也比水鸡大一些。

这种鸟叫作蹼鸡，人们也常常把它叫作“白骨顶”，因为它头上秃了一块。如果你看见蹼鸡在岸上吃种子或是昆虫，会发现它三个前脚趾虽然不是连在一起的，但是每个脚趾外面都有一圈波浪形的皮肤。

不过，蹼鸡可不容易瞧见，因为它很害羞。你还没来得及靠近，它就会爬到树上，或是潜到水里。蹼鸡的爪子很锋利，所以能爬树。要是你想活捉它，它还能用爪子把你抓伤。

蹼鸡把窝筑在黄菖蒲里或是灯心草丛里，几乎就要碰到水面了。要是发了大水，小蹼鸡们就有可能会被淹死。

如果有船靠近蹼鸡的窝，蹼鸡就会把窝推到灯心草丛里，然后“克——克”地叫着引诱你走开。如果你找到了它的窝，会看见里面大约有十枚蛋，跟水鸡的蛋差不多，但是个头更大一些，而且斑点的颜色比较深，也比较小。蛋孵出来以后，你从小蹼鸡的秃顶就能认出它们来，尽管它们跟小水鸡一样也是黑色的小毛球（见图 7－2）。

图 7－2　蹼鸡和小蹼鸡们

冬天的河里是看不到蹼鸡的，池塘里也看不到。那个时候，它已经跟许多其他蹼鸡一起飞到了英格兰南部的海边，而且会在那儿一直待到来年春天。

第八课　水上的虫子

在放学回家的路上，如果经过池塘的话，你就一定会看见本课里提到的这三种水虫，或者是其中的一两种，我希望你能仔细观察它们。

第一种是细细长长的黑虫子。它会在水面上走路，就像一根长了腿的缝衣针，所以它有时也被称为“水针虫”，不过人们更常叫它“尺蝽（chūn）”，因为它跑的时候，好像在用自己的腿丈量水面一样。

尺蝽的肚子和腿上长着很细很细的毛，空气流经这些毛，让它既不会被水弄湿，也不会被淹死。尺蝽有两根长长的触须，还有一个又细又长的嘴，腿和身体略带红色，翅膀却是乌黑油亮的。

如果你注意看，会发现它一下子就跳到池塘那头去了，它正在抓水蝇呢。抓到以后，尺蝽就用两只前腿抓住水蝇，然后吸它身体里的汁液。尺蝽虽然有翅膀，却不常飞。

第二种水虫可就没有尺蝽那么瘦了。它大约有一英寸（约合2.5厘米）长，身体扁扁的，还有一对折起来的翅膀。它的触须很短，前腿又粗又壮，末端长着螯，所以人们把它叫作“水蝎子”。

水蝎子用这对螯去捉水里的昆虫，再用锋利的嘴吸干它们。

水蝎子要么在水下游得很慢，要么就在泥巴上爬行，所以很容易就能捉到。你也可以趁它到水面上换气时把它抓住。水蝎子换气的方式可有意思了。它的尾巴尖上有两根又长又硬的毛，当它把两根毛合在一起时，一根空心稻草似的吸管就形成了。水蝎子游到靠近水面的地方，把管子的末端伸到水面，然后吸一些空气到身体里。通常雌水蝎产的卵会粘在水生植物的叶子上，看起来仿佛是植物的种子。

最后一种水虫你肯定认识。它个头挺小，很像甲虫，有六条腿，其中两条很长；它游水的时候是肚子朝天的，把那两条长腿当作桨来划水，所以它就叫作“水船虫”。

水船虫长长的嘴巴好像吸管一样，不过除非你用玻璃杯把它捞起来凑近了看，不然很难看到。因为它游水的时候肚子朝上，会把脑袋弯到胸部，这样嘴巴就在两腿之间很难被看到了。

水船虫的大眼睛长在脑袋的侧面，所以它既能看到上面，也能看到下面。这可有用了，因为它会游到蝌蚪和虫子的下面，用爪子抓住它们。然后，用锋利的嘴巴把它们咬死，吸干它们。它总是在水里游泳，或在泥巴上爬行。有时到了晚上，也会从水里出来，飞到另一个池塘或是水沟里。

雌水船虫把又小又长的白色卵产在水里的植物茎秆和叶子上。三月份这些卵通常很多见，到了四月你就会看见小水船虫们跟父母一样肚子朝上在游水了。

如果不怕麻烦的话，你可以用网把这三种虫子捉来，放到玻璃瓶里，就能观察到我前面所说的这些了。

第九课　河边漫步

咱们沿着河边走上一小段吧。落日的余晖透过树枝泼洒下来，多么美啊！在空中，在水中，有多少小生命正享受着它们的生活！

脸色苍白的小托米是从伦敦来度假的，他把手悄悄放到我手里，说："我真希望自己能住在乡下。"托米的家在一条狭窄的街道上，那儿没有青青草地，没有成荫绿树，更没有潺潺流水，只有硬邦邦的水泥人行道。等他回到自己家以后，一定不会忘记这次河边漫步。

看看河里的那些鱼吧，它们大约三英寸长，在桥下的水里游来游去。这些是牛头鱼，因为脑袋又宽又厚，所以有了这个名字。它们的脑袋两边各有一根尖刺，我们将之称为"牛角"。要是你把它们抓在手里，就会知道这尖刺的厉害了。这事翠鸟知道得最清楚，因为它要是把牛头鱼吞下去，喉咙就会被尖刺卡住。

男孩子们把它叫作"磨坊主的大拇指"。我想不明白的是，为什么男孩子们会觉得磨坊主的大拇指很大呢？牛头鱼藏在石头底下，吃水里的昆虫和其他鱼的卵。啊！弗雷德抓住了一条，放在瓶子里。这下托米可以看到牛头鱼的眼睛有多漂亮了，还能看到它那五颜六色的鳞片，有红色的、绿色的、褐色的，还有黄色的。

有些长着长长的翅膀和三根尾须的小飞虫可真忙碌啊。这是蜉蝣，在水面上忽高忽低地飞着。不过它们并不是在觅食，因为蜉蝣只能活几个小时，可不会把时间浪费在觅食上。但蜉蝣的幼虫会在水下活很长时间，就像蜻蜓的幼虫一样。现在它们只想把卵产下来，然后再死去。

在磨坊附近静谧的池塘上空飞来飞去的这些蚊子有些不一样。有一只刚刚在我手上叮了一下，还吸了一点血，所以我知道它已经能够吸取人血了。不过蚊子幼虫可没有蜉蝣幼虫在水下生活的时间长。

飞舞在池塘上空的这些蚊子才出生几个星期。它们的妈妈产下一些黏糊糊的卵，然后就把这些卵留在静静的水面上，一颗卵还没有针尖大呢。很快，卵就孵化了，蚊子幼虫钻了出来，看起来就像是身体两侧长着细毛的小蠕虫。它们都在水里游来游去，小口小口地吃着水草（见图9－1）。

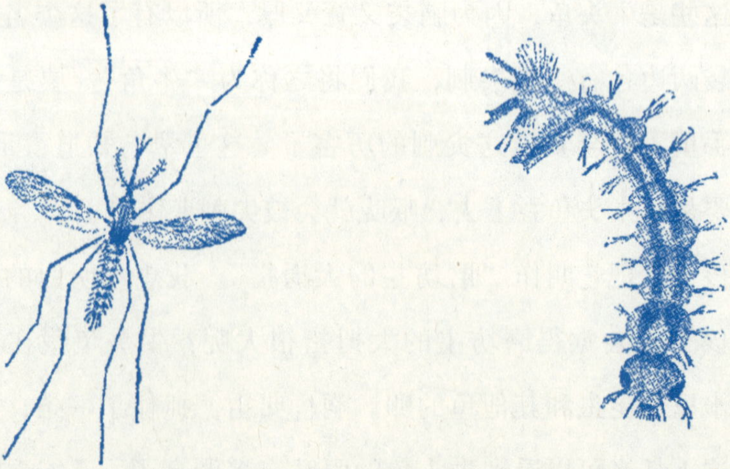

图9－1　蚊子（左）和蚊子的幼虫（右）

你知道蚊子在游水的时候为什么脑袋朝下吗？因为它们只能用尾巴来呼吸，所以在水中时要把尾巴伸到空气中。

大约过了三个星期，幼虫就已经蜕皮三次了。第四次蜕皮以后，它会变成蛹。如果你能在这个时候看见它，会发现蛹里面蜷着一只真正的蚊子，连翅膀都有了。现在幼虫该爬出来了，这可是很危险的——如果掉进水里，它就会被淹死。所以它在水面上小心地伸直身体，然后开始用脑袋在蛹上钻出一条裂缝。接着，它轻轻地把自己拉出来，用脚尖站在那个空空的蛹上，这空壳就像一条小船漂在水面上。等到张开翅膀，它就安全了，也能飞走了。有时候，蚊子还没爬出来，周围吹来一阵风，它就被淹死了。

要是在五月时从池塘里打一桶水上来，然后露天放着，也许你能看见蚊子成长的过程，因为池塘的水里很可能会有很多的蚊子幼虫。不过你可得擦亮眼睛，这些幼虫非常非常小。

这会儿，太阳就要落山了，飞禽、走兽和花儿们也都要休息了。过不了多久，夜蛾、猫头鹰和蝙蝠就要出来了，咱们也该回家了。

第十课　水獭一家

五月里一个晴朗的早晨，五点左右，猎场总管的儿子汤姆正在检查陷阱，这是为了捉住黄鼠狼、白鼬和其他害兽而设下的。汤姆一路朝着河上的一座桥走去，快要到桥上时，他听到了一种奇怪的口哨声。

汤姆是个土生土长的德文郡男孩，他们这些英格兰西部乡下的男孩们耳朵可尖了，什么动物的叫声都听得出来。汤姆知道这是大水獭（tǎ）的叫声，它正带着小水獭们在河里捕鱼呢。

桥正下方的河岸很高，岸上有一棵大柳树，树枝都垂到水面上来了。河水冲走了树下的泥土，在粗壮的树根之间能看到一个大洞。

汤姆知道这个洞就是水獭的家。有好多次，猎犬站在这个洞附近的水里，用尽全身力气狂吠着。但是它们进不去，水獭也小心地待在里面不出来。

现在是万籁俱寂的清晨，猎犬也都不在附近，于是汤姆在岸边茂密的草丛中躲了起来，等待着。渐渐地，水獭们出来了，在水里平稳地往前游，只有鼻子露出水面。

大水獭们游水时很安静，汤姆几乎看不见它们。可小水獭们边游边玩，把身体转来转去，汤姆先是看见它们那长着褐色皮毛的背部，再是白白的肚皮，在清晨阳光的照耀下闪闪发亮，还在周围溅起了很多水花。

这一处的河流很宽，柳树的正对面就有一个小岛。汤姆在高高的草丛里隐蔽得很好，水獭们根本就不知道他在这里，所以它们一个接一个地爬到岛上，个个嘴里都叼着一条鱼。接着，水獭们用前爪抓住鱼，从鱼头后面吃了起来，一直吃到靠近尾巴的地方就不吃了（见图 10 -1）。

图 10 -1　水獭在吃鱼

在它们吃鱼的时候，汤姆看清了水獭的模样。它们的身体很长，但是驼着背，脑袋宽宽扁扁的，鼻子和嘴巴也是又短又宽。脚像鸭子一样长着蹼，脚趾上还有锋利的爪子。皮毛是漂亮柔和的褐色，不过大水獭身上的长毛有点粗糙，看上去没有小水獭的毛那么软。它们的尾巴很粗壮，在游水时用处可大了。

水獭爸爸用牙齿把鱼撕咬开，样子很是凶猛，它时不时地把小块小块的鱼肉扔给孩子们，这些小水獭刚才没用多久就把自己那条小鱼吃掉了。最后，所有的鱼都吃完了，除了鱼头和鱼尾。水獭爸爸从岸边滑下水，其他的水獭跟在它后面，它们又去捕鱼了。

现在英格兰的河里没有以往那么多水獭了。不过在很多地方还是能看见它们。但是，如果你想在窝里看见它们，那就得起个大早了。

第十一课　选花参展

七月份一个星期六的下午，彼得在路上遇见了佩姬，他问道："你要上哪儿去，佩姬？"

"我要去找一些花来参加下个礼拜的花展。虽然现在还不能把花采来，不过我想看看都能找到些什么花。"

"我能和你一起去吗？"

"可以呀，不过你得保守秘密。我想做一种新的花束，全都用水里生长的花。"

"可是如果你把它们摘下来捆成一束的话，花儿就会全部谢掉的。"

"我不打算把它们捆成一束。我想把爸爸用来盛狗食的那个大号锌盆拿来，让花都漂在水里。"

于是彼得和佩姬朝着他们最喜欢的池塘走去。

"瞧，彼得，我一定要选一朵漂亮的黄色睡莲，上面再带一片亮闪闪的大绿叶，还有它那有趣的子房，黄色的花瓣落了以后就只剩下它了。我知道这种花的茎很粗，长在池底的泥巴里，它那长长的叶柄是朝上长的，所以叶子才能浮在水面上。小甲虫会爬到花里，从里面的黄色小花瓣底下吸花蜜（见图 11－1）。

图 11－1　白色睡莲和黄色睡莲

“再来，我要摘一些里面长着黄色花蕊的那种五角形小白花。它们在小小的绿叶中间好漂亮啊，那叶子还是由三个半圆形组成的。这就是‘水毛茛（gèn）’，要是你用树枝勾一点起来，我们就会看见它在水下还有另一种叶子，那种是条状的，就好像细草叶一样。”

“那它为什么会有两种叶子呢，佩姬？”

“一种叫浮叶，是帮助花儿浮在水面上的，好让昆虫可以到花里去；另一种叶子则比较轻，既可以在水中展开，又不需要那么大的叶面。你看，彼得，白花上的那些黄色脉络直指狭窄的花瓣根部，昆虫在那里就可以找到花蜜。

“我还得摘一些浮萍，盆里漂满浮萍一定会很好看的。”

“可是浮萍不好看啊，佩姬，它只有叶子。”

“不，彼得，才不是这样呢。有一天保罗对我说，浮萍其实没有真正的叶子，它就是一小截茎秆上连着细细的根漂在水里。有时候，茎秆侧面的裂缝里会长出很小很小的花来。我想找一朵花，不过它们实在太小了，而且只有两个小小的雄蕊和一个子房。不过浮萍一定会浮在水面上。

“彼得，接下来我要找一棵开花的睡菜。恐怕现在这个季节已经有点迟了，不过我知道在池塘里水浅的那一端还有一点。你得找那种很大的粉白色穗状花，形状很像宽一些的蓝铃花，花里还长着一些白色的绒毛。啊，这里就有一棵，花苞刚刚开放，到星期三就开得刚刚好了。

“咱们还得再找一些花。有一种小花名叫‘水芪（qí）草’，几乎完全长在水下，只有小小的粉色花穗直直地立在水面上。看看它那呈放射状长在茎秆周围的小叶子，就像星星的光芒一样。它们在水里铺开了好大一片。要是仔细看这些花，你就会发现，上面的花里只有雄蕊，下面的花里只有子房。不过它们太小了，不大容易看见。

“我不能再选了，还得把每一种花都在展示卡片上描述出来呢，这要花很长时间的。”

第十二课　佩姬的水草

星期三到了，佩姬的大盆也准备就绪了。她把盆拿到池塘里，从浮萍下面轻轻地舀了一盆水上来。她收获颇丰，又仔细挑选，只留下了最好的水草，然后把盆拿到了展览室。

她把黄色的睡莲放在盆中央，这样花、茎秆和种皮就刚好能填满叶柄上巨大的绿叶穗之间的空隙。接下来，她在盆里到处都放上了一些水毛茛，这些长着黄色条纹的漂亮的白色花朵静静地浮在水面上。

她又插了两枝睡菜的花穗，连同叶子一起，把它们分别放在睡莲的两侧。最后，她将水茛草的花穗在盆边放了一圈，它们的叶子在水里好像遍布的绿色小星星，粉色的小花穗也把盆边装点得很漂亮。

然后她写了展示卡片。她是这么写的：

(1) 黄色的睡莲生长在农场附近的池塘里。它的根状茎很粗，长在池底的泥巴里。人家来清理池塘的时候，我曾经看到过一次。三月时我们在水面上还什么也看不到，可是到了五月，那闪闪发亮的大绿叶就从长长的茎秆上长了出来，浮在水面上。叶子的形状很像心形，不过有个很尖的尖头。

六月时睡莲就结花苞了。花苞就像带着黄尖的绿球，但是它们越长越大，外面的五片花叶——或者叫萼（è）片——打开了，里面是黄色的。然后我们就可以看见里面的小花叶——或者叫花瓣——排成了两排，再里面是几根雄蕊，它们很像细绳，顶端长着花粉囊。正中间的是种子包，或者叫子房，它的形状就像个水瓶，顶上有一个圆圆的垫层，还有一些黏糊糊的小尖头在垫层上排列成了星形。花里经常能看见小甲虫，它们会飞进来吸花瓣后面的花蜜。

（2）水毛茛也长在我们的池塘里。它有五片绿色的外花叶，或者叫萼片。开花时，萼片就背向茎秆，常常会脱落下来。它有五片白色的花瓣，上面长着黄色的条纹，就长在靠近花中央的地方，花蜜就在这里。花瓣里面有许多雄蕊，再里面是很多子房，每一个子房里面都有一颗种子。

水毛茛有两种叶子。浮在水面上的叶子是扁的，每一片的形状都由三个半圆形组成；水下的叶子则是丝状的，会往各个方向生长。

（3）池塘里有很多浮萍。每一棵浮萍都有一个小小的根在水里，茎秆则漂在水面上。它没有叶子。茎秆侧面的裂缝里有时候会长出很小很小的花来，每朵花都只有两个雄蕊和一个子房。

（4）睡菜，也叫“螟（míng）菜”，现在快要到花谢的季节了。它生长在池塘边缘，每片叶子是由三个长条组成的。小小的花柄长在高高的茎秆上，上面开着粉色的花，花的形状很像杯子，有五个小尖头，里面还长着许多白色的绒毛。

（5）水芪草几乎完全长在水下，只有花穗伸到水面上，上面是粉色的小花。长在花穗上部的花只有雄蕊，长在下面一点的既有花粉囊，又有种子包，最底下的只有种子包，或者叫子房。水芪草的叶子很窄，就像草叶，但是却很短。它们会在茎秆上长一圈，就像车轮的辐条，又像星星的光芒。

佩姬的水草插花和展示卡片赢得了花展的奖金。

天空小·精灵

目 录

第一课　什么是昆虫

这是一个阳光明媚的夏日清晨。把书本合上，走进大自然吧！我们可以一边在花园或者田野里漫步，一边寻找昆虫。最好能随身带一些纸盒，每发现一只昆虫就放进一个纸盒，然后把它们带回学校，分开放在平底玻璃杯的下面。

昆虫个头很小，我们常常会忽略它们的存在。但是它们构成了整个动物王国的四分之三呢！昆虫对人类既有很多益处，也有很多害处，因此我们应该多了解它们。

你看，果菜园里停驻着一只纹白蝶，花丛间一只赤蛱（jiá）蝶在飞舞。我们要把纹白蝶捉住，因为它们会在卷心菜上产卵。

再向前走，会见到一株玫瑰树，它的花梗上有一些很小的昆虫。如果你离近点仔细看，就会发现每只昆虫都把它的喙插进树的茎秆里，吮吸里面的汁液。这些小虫是树木身上的“虱子”。单独一只叫蚜虫，聚集在一起被称为蚜虫群。

这些小蚜虫以每个月一百万只的速度大量繁殖，会从所攀附着的植物中吸出所有甜甜的汁液。因此我们必须用软皂和烟叶水冲洗树木，否则它们很快就会被小蚜虫爬满。在爬着小蚜虫的树上，你还可能会看到瓢虫，因为这些小蚜虫正是瓢虫的食物。

大部分村舍花园里都生长着西洋玫瑰。现在仔细看看这棵老西洋玫瑰的花朵内部，基本可以肯定，你会在里面发现一只可爱的玫瑰金龟子，扇动着亮闪闪的绿色翅膀，上面还点缀着一些金色。将金龟子拿起来，观察它那闪闪发光的鞘（qiào）翅。在你盯着它看的时候，它也许会打开鞘翅，下面的透明翅膀也随之展开；即使飞走了，再抓一只也很容易。

瞧！在你的脚下一只小甲虫在奔跑，但它一点也不漂亮。这是隐翅虫，俗称“给魔鬼拉车的马”。如果你把它拎起来，它会竖起尾巴，喷出一股恶心的液体粘在你的手指上，同时尽力抬起头张开口猛咬。因此一定要尽快把它扔进盒子里。事实上，它是自己也被吓坏了，希望通过这种方式让你把它放走。

现在咱们往外走，去新割的草地看看。你会看到一些小小的绿色蚱蜢蹦来跳去。它们从土块下面孵化出来，以嫩草的芽尖为食。它们中有些长着翅膀，但是那些没有完全长大的蚱蜢没有翅膀。

接下来试着找一只黄蜂或者蜜蜂吧。你可以用手帕把它包起来，然后放进盒子里。我们必须一直走到河边才能找到蜉蝣或者蜻蜓，在河的附近我们还可以轻易地找到大蚊子。如果没有看到这些昆虫，抓一只大苍蝇或者蠓虫也可以。

你可能会疑惑为什么我还没让你去找蜘蛛。如果可以的话，最好能找一只来，再找一只百足虫（也就是蜈蚣）。

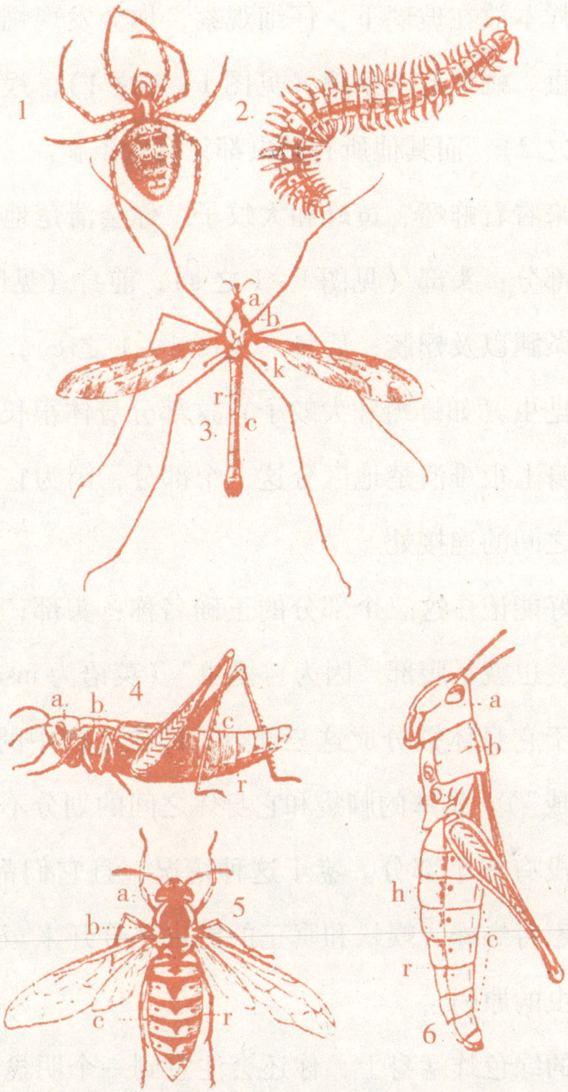

图 1－1　常见昆虫

1. 蜘蛛　2. 蜈蚣　3. 大蚊子

4. 蚱蜢　5. 黄峰　6. 蚱蜢侧面　a. 头部

b. 胸部　c. 腹部　h. 呼吸孔　r. 环状部分

把这些样本放在玻璃下，仔细观察，你会发现蜘蛛和蜈蚣不同于其他小昆虫。蜘蛛有八条腿（见图 1－1 之 1），蜈蚣有很多条腿（见图 1－1 之 2），而其他所有昆虫都只有六条腿。

现在再来看看蚱蜢、黄蜂和大蚊子。你会清楚地看到它们的身体分为三个部分：头部（见图 1－1 之 a）；前身（见图 1－1 之 b），上面长着六条腿以及翅膀；后身（见图 1－1 之 c），上面一条腿都没有。有些昆虫（如蜉蝣和大蚊子）这部分身体很长，但同样没有腿。在甲虫身上很难清楚地区分这三个部分，因为它的鞘翅盖住了前身和后身之间的连接处。

我们最好能记住这三个部分的正确名称：头部；前身，也就是胸部；后身，也就是腹部。因为“昆虫”（英语为 insect）这个称呼本身就是源于它身体被分成这三部分，即拉丁语中的 inseco（意思是“我分割成”）。蜘蛛的脑袋和它身体之间的划分不是很明显，而蜈蚣根本就没有三个部分。鉴于这种情况，且它们都不是六条腿，一些博物学家将蜘蛛、蜈蚣和真正的昆虫区分开来。这也是我不把它们称为昆虫的原因。

在小小的绿色蚱蜢身上，你还会注意到一个明显的特征：它从脑袋到尾巴呈现出一圈圈环形（见图 1－1 之 r）。在黄蜂、大蚊子、蚜虫和隐翅虫身上也可以见到这种环形。所有的昆虫都有环状部位，正是依靠它们，黄蜂才能在叮咬和喘息时弯曲腹部。当黄蜂直立的时候，你会看到它一直上上下下地移动。这是因为它在呼吸。黄蜂不像我们人类用嘴呼吸，而是通过体侧来呼吸的。

如果你仔细观察蚱蜢，就会发现它身体的侧面长了一些小黑点，每个环上都有一个。这些是呼吸孔（见图 1－1 之 h），空气可以通过它进出。黄蜂身上也有呼吸孔，但是要小一些。看，一只黄蜂正像泵一样将空气吸入，然后抽出来。

既然我们已经将蜘蛛和蜈蚣排除在昆虫之外，剩下要谈到的都是真正的昆虫。但是你一定要注意，大蚊子和其他的昆虫还有所不同：后者全部都要有四只翅膀，而大蚊子只有两只。这似乎十分奇怪，不过我们能在大蚊子的身上找到另外两只翅膀的残留。在它的前翅后面有两个小凸起，可以帮助它保持平衡。因此我们可以说它有四只翅膀——两只完整的翅膀，以及两只翅膀的残余部分。

关于这些昆虫，我们还有很多可以学习的内容。但是我希望你先记住：昆虫都有六条腿；昆虫的身体分为三个部分；你可以在昆虫的后身也就是腹部看到环形；昆虫的腿和翅膀长在前身也就是胸部；昆虫从不用嘴呼吸。同理，蜜蜂、蝴蝶和甲虫有四只翅膀，苍蝇有两只翅膀和两只翅膀的残余部分。

课后作业：尽可能多找一些昆虫，观察它们的不同部位。

第二课 毛毛虫的各个部位

在上一课中，我们很容易就找到一些发育成熟的昆虫。但是在它们还没长大时，通常没那么容易观察。蚱蜢、蟋蟀以及蚜虫刚出生时除了没有翅膀，其他和长大后几乎一模一样。但是大蚊子是由生活在地下的幼虫发育而来的。年幼的瓢虫其实是一种毛毛虫，会在植物上爬来爬去，把蚜虫吃掉。甲虫小时候是长着六条小腿的幼虫，然后慢慢长出翅膀，才变成漂亮的甲虫。

飞蛾和蝴蝶的幼虫都很容易被找到，我们来观察一下它们。在夏天，你几乎可以随时找到毛毛虫。橙色翅尖粉蝶的毛毛虫最先在四月份出生。到了五月，纹白蝶开始产卵，很快它们的毛毛虫就开始吃卷心菜幼苗的叶子。没过多久，你可能会在荨（qián）麻中发现带有白点的黑色毛毛虫，到了六月份它们就会变成孔雀蛱蝶。你还可能会发现赤蛱蝶的幼虫——深绿色毛毛虫，它们藏在一堆树叶中，这些树叶通常都被毛毛虫吐出的丝缠在一起。

如果你还没找到任何一种，一定不要错过黑色小毛毛虫堆。这些身上带有黄色条纹，在荨麻叶的下面进食的黑色小毛毛虫，最后会变成带有龟壳纹的小蛱蝶。在消灭荨麻方面，它们发挥了较大的作用，因此你每次见到蝴蝶都应该感到高兴。

随着秋天越来越近，那些大鹰蛾的毛毛虫会造成很多危害。如果在傍晚或者清晨出门，你可能会看到大戟（jǐ）树鹰蛾的毛毛虫正在吃树篱里的绿色大戟。这种毛毛虫非常漂亮，有三英寸长，背部有三条明亮的线，每圈环上都点缀着黄色斑点。

但是最普通的是女贞天蛾的毛毛虫，我经常看到它们。到了晚上，这些毛毛虫会在女贞树篱或者紫丁香灌木上进食。它们的长度约三到四英寸（约合 7.6 ~ 10.2 厘米），颜色是亮苹果绿，体侧有七条紫罗兰斜纹，身体末端长着尖角。它的头部是绿色的，边缘是黑色的，体侧的呼吸孔四周环绕着橙黄色的圈。

这种毛毛虫对树篱的破坏性非常大，因为它们常常很饥饿，喜欢储存食物，为自己最终长成蛾子提供足够的养分。它的身体很柔软，但头部非常粗硬。由于它的嘴既不用来呼吸，也不发出噪音，因此可以一直不停地用来吃东西。它的身体分为很多部分，但是你能看清楚的是巨大的上唇以及宽阔而强壮的外颚，当啃咬树叶时，外颚会向一侧来回移动。不久毛毛虫就会咬下一小块叶片，把它卷进内颚里，慢慢咀嚼，接着吞咽下去。它的颚下是扁平的下唇，有条小管从中穿过。仔细观察这根小管——毛毛虫就是从这里吐丝作茧。在身体发育过程中，毛毛虫一直睡在茧里面。

与蜘蛛从它身体下面的六个小袋里吐丝织网不同，毛毛虫或者蚕是从嘴里吐丝的。

再来看看毛毛虫的腿，一共有三对，分别长在胸部的三个环上。腿上有关节，末端有爪子。这些是真正的腿，像它们的头部一样粗硬。当这些毛毛虫变成蛾子时，它们的六条腿还会留下来；但在它们身体另一部分的环上，还长有垫足，用来紧紧抓住树枝。这些不能算真正的腿，而是下面带有一圈小钩的肉垫。

随着毛毛虫渐渐长大，蜕变成蛾，肉垫也会随之消失。在真正的腿后面通常有四对肉垫，身体的末端有两对。但有些毛毛虫没有长这么多肉垫。你知道一种叫“尺蠖（huò）”的昆虫么？它们会把身体弯成拱形或者环形。你通常可以在醋栗灌木丛中发现这些危害很大的家伙。尺蠖真正的腿只有六只，尾部有四只肉垫脚。它们爬行的方式十分古怪，先是用前腿牢牢抓住树枝，然后缩起肉垫脚，在空中转一个圈。接着松开前腿，像大象举起鼻子一样抬起脑袋，向前拉长身子，往树枝上方前进。

由于毛毛虫总是不停地进食，它的外皮渐渐变得很鼓胀，直到再也不能塞进一点食物为止。接下来的几个小时它会十分安静，身上的环状部位不断膨胀，最终外皮裂开，它从皮里面爬出来，身上早已换上了柔软新皮。这层新皮会慢慢展开，很快，毛毛虫就能像往常一样快乐地大吃大喝了。

毛毛虫在一生中大约要经历五次这样的蜕皮，之后的几天不吃不喝，静止不动。它的颜色慢慢变淡。当它从裂开的外皮中钻出来时，你将看到蝴蝶或者蛾子的各个部分还在底下，没有完全形成，十分柔软。不久，一种胶状物会渗透、覆盖至全身。这种胶状物会变得很坚硬，保护毛毛虫身上柔软的部分在生长过程中不受到伤害。

现在毛毛虫的名字变成了蝶蛹（蛾蛹），有时也被称为“蛹”

或者“玩偶”。确实，当它把腿弯在一起，把头折进硬胶下面放在腿上时，它的样子像极了皱巴巴的玩偶。蝶蛹通常是上宽下窄，上面还长有棱和刺；蛾蛹的形状则更像鸡蛋，更加光滑。蛾子通常把蛹裹进丝袋或者茧里，但是蝴蝶就让自己的蛹裸露着，只是用一根丝线将其系在叶茎或者草叶上。

鹰蛾的毛毛虫会一直努力向地下蠕动，然后用丝封成一个洞，在里面产卵。我曾经把一只鹰蛾毛毛虫放在一个大花盆里一连好几个月，大约七个月或者更久之后，它已经蠕动到地面上，冲破外皮，化身成了一只蛾子。

课后作业：找一些毛毛虫，连它们所在的植物一起带回。一直给它们提供食物，观察它们的变化。

第三课　常见的蛾子

当蛾子爬出外壳时，它们已经不会再对人类造成危害了。蛾子们展开翅膀，飞来飞去，从各种鲜花上吸取花蜜。它们那强有力的颌（hé）骨几乎已经消失了，取而代之的是软绵绵的唇部。它们的内颌已经长得很长，卷在一起形成一条长长的双层管（见图 3 – 1 之 p）——很像一条小象鼻。不用的时候，昆虫会把它卷在唇部下方。但是当它想吸食花蜜时，就要把象鼻状管子展开，插进花朵里。

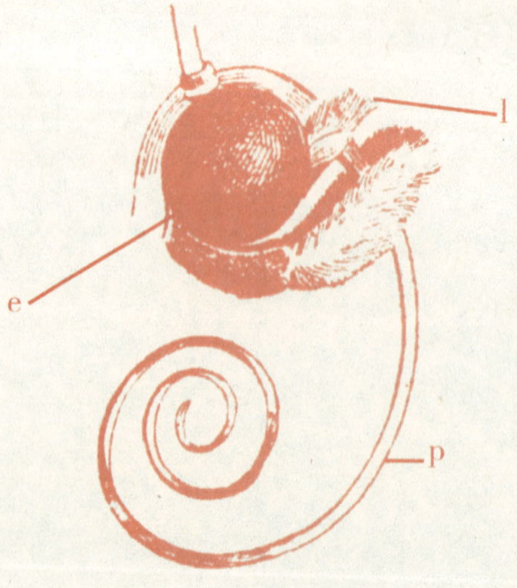

图 3 – 1　蛾子的唇部

e. 眼球　l. 唇　p. 象鼻管

在八月的清晨或者傍晚，你可以看到水蜡树鹰蛾（见图3－2之1）把头插进树篱中的金银花里吸取蜜汁。它的玫瑰色翅膀十分漂亮，上面镶嵌着黑色条纹。还可以看到大型棕色雀鸟蛾，白天它们在花园里的花丛中盘旋，晚上从月见草的花蕊中吸食花蜜。你可以通过它翅膀发出的嗡嗡声发现它，还可以通过它的动作认出它——它不在花上停驻，而是边飞边采蜜。

接下来要介绍的是骷髅头鹰蛾。这是英国最大的蛾子。之所以得了这么个怪名，是因为它胸部的后面长了一些灰色印记，形状很像头盖骨。它的前翅是棕色的，后翅是黄色的，上面穿插着黑色条带，触须和象鼻管非常短。如果秋天日落之后留心寻找，你可能会看到它从树篱上展翅飞翔。其实骷髅头鹰蛾并非人们所想的那样稀少，只是它通常在夜间飞行，所以不太常见。

如果你捉到这些大蛾子中的一种，就会惊诧地发现，它与毛毛虫时代的自己有着巨大差别。六条腿还留在胸部的三圈环上，但是腿的上方长出了四只华丽的翅膀。这些翅膀是由非常纤细的透明皮肤构成，上面覆盖着一层鳞片，看上去像是屋顶的砖瓦。无论你在用手拿起蛾子或者蝴蝶时多么小心，都会发现你的手指上留下了一些粉尘。其实每一粒粉尘都是一片可爱的鳞片，正是有了它们，蛾子才能展现出漂亮的颜色。在生物学分类中，蛾子和蝴蝶被归为“鳞翅目”（英语为“Lepidoptera”），这个单词的意思是“鳞翅”。这些毛毛虫长着六只非常小的眼睛，我们几乎注意不到。它们变成蛾子后，仍然留着这些眼睛，但是除了分别位于脑袋两侧的两个漂亮球体（见图3－1之e），其他的眼睛都已经被分割成了成百上千的小窗口，这样蛾子不需要转动眼睛，就可以看到每个方向。骷髅头鹰蛾的眼睛在黑夜会像红灯一样闪闪发光。

图3－2　蛾子

1. 女贞天蛾　2. 毛毛虫　3. 蝶蛹（蛾蛹）

4. 虎蛾　5. 透明翅蛾

这种蛾子的身体清晰地分为三个部分。身体后部呈卵形，两头尖。身体前部长着腿和翅膀。头上有大大的眼睛，纤弱的触角，以及吸食用的象鼻管。蛾子的触角或者说触须的中间部分很宽，末端变尖，上面还覆盖着一些小羽毛。你可以通过这一点将蛾子和蝴蝶区分开，因为蝴蝶的触角基本都是圆形的，末端粗大，就像球棒，上面也见不到羽毛。

蛾子和蝴蝶的另一个区别在于，蝴蝶会把翅膀折在背部上方，翅膀的上部可以互相碰到；而蛾子则是把翅膀平放在背部，就像房子的屋顶一样。

你可能还会找到一种叫“山羊蛾”的普通蛾子。它的身子很短，白褐色的翅膀上点缀着黑色的波浪纹。它不是很喜欢四处飞舞，常常在柳树或者白杨的叶子上歇脚。因为它没有象鼻管，在变成蛾子后的短暂一生中，不会吃任何食物。它只想找个地方产卵。这些卵会孵化成身上光溜溜的红色幼虫。这些幼虫会一直钻到树干里，以木头为食，并且在里面生活好几年。

很多蛾子的幼虫居住在树干和树枝里面。如果你在盛夏留意看一看醋栗灌木，通常会找到一只漂亮的小蛾子。它那窄小的身体黑黄相间，腿细，触角长，翅膀完全透明，和大多数蛾子都不同。这是透明翅蛾（见图3－2之5）的一种，仅仅在翅膀边缘覆盖着一些鳞片。它十分懒，很容易就能逮住。由于它和蚊子长得很像，因此也被称为“蚊型透明翅蛾”。这种蛾子喜欢在醋栗灌木的小枝上产卵。它的黄色小毛毛虫背上有条黑线。这些毛毛虫会不停地蚕食树枝，一直吃到木髓。你应该常常清理一下醋栗灌木丛中枯死的或者枯萎的小树枝，以免有毛毛虫待在里面。

在阳光明媚的日子，你还会发现一种蛾子在飞舞。它的身上是深深的蓝绿色，翅膀上有六个明亮的深红色斑点。这是“马沙六斑蛾”。五月份的时候，你可以看到它的茧紧紧缠在草场中的长草叶上。到了八月份，蛾子就破茧而出，轻快地掠过一朵朵鲜花。

图 3－3　马沙六斑蛾和它的茧

还有一种蛾子你肯定想认识，因为它的毛毛虫是灯蛾毛虫，又被称为“长毛毛虫”。当你把它拎起来的时候，它会卷成一个小球。灯蛾毛虫非常喜欢吃莴苣和草莓。在它准备好蜕变时，它会咬掉长长的毛，将它们织成茧。蛾子破茧而出后，会在夜晚沿着花坛到处跑，不会飞得很高。大家都把它称为“虎蛾”（见图 3－2 之4）。

它的前翅是乳白色的，上面还绘着棕色的波浪纹；后翅是明亮的鲜红色，上面点缀着黑色斑点。胸部上有一条漂亮的红色带纹，而深红色的腹部上带有黑条。如果初夏时节你能找到一只灯蛾毛虫，把它放在盒子里面，上方穿一根电线，并且给它提供大量的野荨麻，你也许可以看到它的茧，过段时间还能看到虎蛾从里面爬出。

课后作业：试着找到一只鹰蛾、一只透明翅蛾、一只虎蛾以及马沙六斑蛾的茧。找到它们的毛毛虫以及茧时，记得要把它们吃的植物也带一些来。

第四课　常见的蝴蝶

蝴蝶的种类没有蛾子那么多。但是由于蛾子通常在夜间行动，而蝴蝶是在阳光明媚的时候振翅飞翔，我们反而对后者更加熟悉。蝶蛹对花园里植物的损害没有蛾蛹那么大，但是纹白蝶除外。

在春天和初夏时节，你会发现寻找每种常见蝴蝶的蛹是件非常有趣的事情。把这些蛹放进盒子里，上方铺一层粗棉布，就可以观察它们破茧而出的过程了。

用这种方式观察破蛹而出的蝴蝶的颜色，比你抓住它们观察要好得多。这是因为在它们刚刚钻出外壳时，翅膀还没有遭受风吹雨打。观察结束后，你不妨将它们放生，让它们享受阳光的沐浴。

有些奇怪的是，很多蝴蝶都把卵产在带刺的荨麻叶上。也许是因为牛羊不愿意吃这些植物，因此它们的卵在上面很安全。孔雀蛱蝶（见图4－1之1）、小蛱蝶以及赤蛱蝶都在荨麻叶上产卵，在那里你可以找到它们的蝶蛹。下面我就告诉你如何辨认它们。

孔雀蛱蝶的卵有一部分被树胶粘在荨麻叶下面。到了六月份，你可以看到这些带着白色斑点的黑色小毛毛虫都聚集在一起进食。到了七月初，每只毛毛虫都会在一片树叶下吐出一个小丝垫，僵硬的蝶蛹则倒挂在上面，看起来很像一个闪闪发光的棕色贝壳（见图4－1之3）。

图4－1　蝴蝶

1. 孔雀蛱蝶（飞行中）　1a. 孔雀蛱蝶（休息中）

2. 毛毛虫　3. 蝶蛹　4. 黄粉蝶　5. 蝶蛹

6. 橙色尖翅粉蝶　7. 蝶蛹　8. 雌蝴蝶（休息中）

9. 小石楠蝶（飞行中）　9a. 小石楠蝶（休息中）

如果你把孔雀蛱蝶的毛毛虫（见图4－1之2）或者蝶蛹带回家，到了七月底，就会看到一只光彩夺目的蝴蝶破茧而出。它的后翅是棕色的，前翅是鲜亮的蓝色和红色。四只翅膀上各有一个又大又亮的眼形斑点，和孔雀尾巴上的眼形图案很像。身子是深蓝色的，头上的触须又长又细，末端有一个凸起。但是当它收起翅膀时（见图4－1之1a)，顿时所有鲜亮的色彩都被隐藏了起来，全身上下是树干一样的棕色，边缘还带有类似新切开木头的白边。因此它们在休息时，可以很好地迷惑小鸟的眼睛，避开被捕食。

但是如果你误将另一种蝶蛹带回了家，就会吃惊地看到一种完全不同的蝴蝶。这种蝴蝶的翅膀边缘呈锯齿状，黑色为底，上面有红色花纹和白色斑点。这就是赤蛱蝶，它的蝶蛹也是倒挂在荨麻叶下面的。你如果找到了它的毛毛虫，一定不会认错，因为它不是孔雀蛱蝶那样的黑色，而是深绿色，体侧有条黄色的纹，而且全身都有小刺突。它以荨麻叶为食，并且会用丝线将其缠在自己身上。你一定能认准，这些黄绿色的毛毛虫最后会变成赤蛱蝶。

你可能还会发现一束荨麻叶被丝系在一起，其实里面藏了很多毛毛虫。这些毛毛虫都带刺，黑色的身体上有四条黄色带纹。它们最终会变成小蛱蝶。

如果你还不能很好地区分这三种毛毛虫，比较稳妥的方式是把它们都带回家，一直养到它们变成蝴蝶，你就可以看到我现在没法描述的一些细微差别了。

你可以在蓟（jì）上发现另一种毛毛虫，它喜欢把树叶都拉到自己周围。它的蛹上面有金色斑点，这种毛毛虫最后会变成红棕色的小苎麻赤蛱蝶。有些年份这种蝴蝶会变得很少，而有些年份又会非常多。

接下来这种毛毛虫常常生活在河边的桤（qī）木上，我们可以在早春或者七月底左右找到它们，因为它们一年产两次卵。

有一种隐藏在小树枝之间的绿色蝶蛹（见图4－1之5），外面点缀着红点，十分漂亮，有点像有棱纹的贝壳。它被一条纤细的丝缠系在小树枝的茎杆中央。你会发现，这种毛毛虫悬挂蝶蛹的方式十分聪明，能使又重又宽的一端与又长又细的一端保持平衡。接下来你可以把这根小树枝折断带回家观察。这个蝶蛹最终会变成黄粉蝶（见图4－1之4）——浅黄色翅膀上点缀着四个红色斑点。你对它肯定非常熟悉，因为通常它是春季破茧而出的第一只蝴蝶。

接着，我们还要一起低头看看路边植物。其中一些长着粉白色的花朵，花瓣的形状像十字架，这些花被称为岩芥和碎米芥。如果你能把它们找出来，在它们的叶片下面你会发现一种最奇特的蝶蛹，形状像一只两端都尖尖的船。它会变成橙色尖翅粉蝶（见图4－1之6），它的前翅翅尖有一个明显的橙色斑点。这种蝴蝶在飞翔时色彩非常艳丽，但是当它停驻时会把翅膀向上收起，因而很难在它要采蜜的野欧芹花上发现它。这是因为在它翅膀的下面长着绿色斑点，而野欧芹的小花是白瓣绿蕊，两者十分相似。

还有一种常见的蝴蝶是小石楠蝶（见图4－1之9），六月或九月间，只要天气晴朗，你可能就会看到它正在城镇公地的石楠丛中采蜜。它最初是一种绿色毛毛虫，以茂草为食。最后蜕变成为一只漂亮的小蝴蝶，在它黄褐色的翅膀上点缀着圆圆的眼形斑点。

现在你该学会如何寻找毛毛虫、蝶蛹以及蝴蝶，可以进行自学了。在紫罗兰花坛上你可以找到一种带刺的毛毛虫，它会变成一种带斑纹的漂亮的豹纹蝶。普通蓝灰蝶几乎随处可见，但蓝灰蝶大部分聚集在白垩（è）质土壤区域，还有小铜色蝶和它们结伴同行——铜色蝶扇动着有光泽的黑色翅膀，在可爱的蓝色翅膀间忽隐忽现。

无论你在哪里看到一只正在飞舞的蝴蝶，就尽力一直跟着它，直到它落到花丛间。这是因为无论观察哪种蝴蝶，最有趣的地方之一就是看它们翅膀下方的颜色如何在它们休息时帮它们做掩护。

课后作业：找来一些毛毛虫和蝶蛹，对它们进行观察。观察毛毛虫作为食物的植物。比较蝴蝶翅膀下层与它们栖息的植物的颜色。

第五课　有害的甲虫

所有生物要生存都必须觅食。就昆虫的个头而言，它们的食量十分大。甲虫的食量就很大。它们在幼虫时期吃得最多，但是有些甲虫，比如金龟子和虎甲，它们在翅膀完全长大后，进食量并没有多大变化。

有些甲虫是食草甲虫，有些以其他昆虫和动物为食。在不列颠群岛上一共有三千多种甲虫。很有必要去了解哪种甲虫吃哪些食物，因为有些甲虫在田间和花园里发挥着好的作用，而有一些则会对农作物造成巨大的危害。

其中危害最大的一种甲虫是金龟子。当傍晚时分它在你眼前飞舞时，你肯定能认出来。但是你也许不熟悉它的幼虫。在幼虫时期，金龟子在地下要生活三四年，以草根、谷物和蔬菜为生。如果你在麦田或者花园里看到有些植物显出病态，叶子发黄，在土地潮湿时还下垂着叶子，很可能是因为它的根下住着昆虫的幼虫，或许就是金龟子的幼虫。

图 5-1 甲虫

1. 雄金龟子 2. 雌金龟子 3. 幼虫 4. 虫蛹 5. 叩头虫

挖出植物，你会发现一种丑陋的白色生物（见图 5-1 之3），长得像条大蛆虫，大概和小手指差不多粗，头部是红色的，下颚非常强健。它的六条长腿长在头部后面的环圈上，每条腿都有五个关节。它吃得太饱了以至于几乎无法爬动。尾巴末端会肿胀成一个厚厚的垫状物。由于食物撑得厉害，你可以清楚地看见它用体侧呼吸。你肯定还记得，它不是通过嘴巴呼吸，因此可以一直不停地进食。如果没有人妨碍它，它可以一直在田地里穿梭，从一株植物爬到另一株植物，不停地吃，其他什么都不干，就这样度过三年。冬季天气寒冷的时候，它会爬到土层的深处，以便取暖。

最后，到第三年的秋季，这种丑陋的白色生物便缩成一团（见图5-1之4），在接下来的八个月内不吃任何东西。如果这个时候能碰到一只的话，你就能透过蜷曲着的甲虫那透明的皮肤，看到它身上的某些器官。最后的几个月里，它就变成了熟睡的成年金龟子。

暖暖的夏日来临时，金龟子就会爬出来，飞到树上啃食树叶，就像它在幼虫时期贪婪地吸食树根一样。这是捕杀金龟子的大好时机，因为它们只能活一个月。在这段时间里，金龟子妈妈会产卵，孵出幼虫。

你会发现金龟子和你在地下看到的白色幼虫大不相同。现在它已经变成会飞的昆虫，大约半英寸长，棕色鞘翅上布满粉状物，遮住了那对透明的翅膀。后身也就是腹部的末端十分尖细；头上长着一对触须，末端有宽大的皱褶，像半开的扇子。

雄金龟子（见图5-1之1）身上的皱褶很漂亮，而雌金龟子（见图5-1之2）的皱褶通常要小得多。通过观察皱褶你就能认出将要产卵的金龟子妈妈。如果你想让庄稼免受其害，就要定期捕杀它们，其中最好的方法就是把它们放进开水里——金龟子很快就会被开水烫死。

金龟子们白天会选一棵喜欢的树休息。如果你在树下铺一块布，然后敲打大树枝，就能捉到很多金龟子。农民通常用煤气石灰或其他肥料消灭地下的幼虫。

另外一种非常有害的生物是叩头虫的幼虫（见图5－1之5）。孩子们都知道这种甲虫，但可能叫不出名字。它们长得又细又扁，差不多一英寸长，腿很短。英国最常见的叩头虫长着红色鞘翅，上面带有一条条长长的翅皱；头部和胸部都是黑色的。孩子们喜欢捉叩头虫，把它仰面放置（因为叩头虫通常把身体中部向上弯曲，以便让头部和尾部得到休息），接着将它们猛地一拉或一戳，叩头虫的身体便会一下子伸直，背部撞到你的手，接着弹到空中，然后回落到原处。有时候，它们落下后还是背朝下、面朝天。之后孩子们会休息一会儿，接着再来一次。

这些有趣的小家伙们没长大时危害却很大。我们很清楚，线虫就是叩头虫的幼虫。如果你看到线虫，仔细观察下就知道它有六条腿，长在头部后侧的环圈处（通过这一点就能判断出它是昆虫）。线虫以大多数植物的根为食，长得像线一样细长，通常呈红黄色，外壳坚硬。叩头虫一般在草地里以及植物的根须中产卵，孵出的线虫要生长五年才能蜕变为甲虫。因此，我们必须消灭叩头虫。在地上撒盐和石灰，就可以杀死它们的幼虫。

不幸的是，漂亮的小象鼻虫也具有强大的破坏性。事实上，几乎每一种植物和树木都会遭到象鼻虫的破坏。例如，苹果花象（见图5－2之4）、豌豆象（见图5－2之1、2）、豆象（见图5－2之3）、荆豆象、葡萄象等，它们最初都是软小的幼虫，并没有真正意义上的腿，只有垫足。

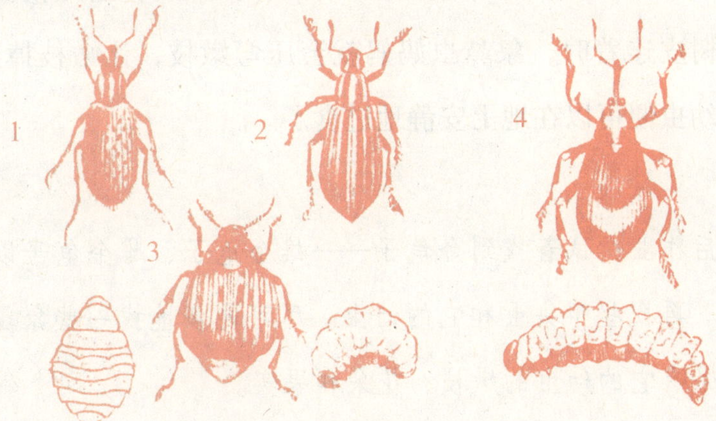

图 5-2　象鼻虫

1. 斑点豌豆象　2. 条纹豌豆象　3. 豆象　4. 苹果象鼻虫

你只要看到成年象鼻虫那突出的鼻子就能认出它们，它们的鼻子有时宽有时长。这些漂亮的小家伙都长着闪闪发光的翅膀，像明亮的眼睛和璀璨的珠宝那般闪耀。不过，它们的幼虫会到处毁坏绿色新芽和花、果。

最有趣的象鼻虫之一是蛀茎虫（天牛）。它们有长长的鼻子和尖尖的爪子，脚底长有毛茸茸的护垫，末端带着尖尖的弯钩，这样它们才能紧紧攀附在平滑的枝茎上。如果你在夏天观察杨树，就会发现可爱的天牛长着闪亮的绿翅膀和红红的眼睛。在果园的果树上，你也很有可能看到钢青色象虫在嫩枝上产卵。

当象鼻虫妈妈将要产卵时，它会用鼻子在嫩枝上凿个洞，然后将虫卵推进洞里。象鼻虫妈妈像这样产过几次卵后，就开始用锋利的颌切割嫩枝，通常这一过程要持续几周（如果你看到悬挂着的嫩枝，就要将它烧毁，这样才能消灭幼虫）。最后，当嫩枝被切到只有一片树皮连着时，象鼻虫妈妈就会压弯嫩枝，让嫩枝掉到地上，孵出的幼虫便可以在地上安静地进食了。

课后作业：试着找到金龟子——雄金龟子、雌金龟子以及它们的幼虫。再找些叩头虫和它的幼虫。尽可能多地找一些象鼻虫，以及一些带有它的幼虫的嫩枝、花朵和果实。

第六课　有益的甲虫

我们必须消灭掉那些危害庄稼的甲虫。令人高兴的是，有些甲虫是人类的朋友，所以我们不要伤害那些有益的甲虫。

例如，虎甲（见图6－1之1）是一种常常饥肠辘辘的动物，不过别担心，它们是以其他昆虫——比如象鼻虫、金龟子幼虫、线虫和毛毛虫为食的，因此能够起到保护庄稼的作用。虎甲以其凶猛和狡猾出名，体型不大，常见虎甲的身长一般不超过3/4英寸（约合1.9厘米），不过它们的细长腿着实厉害，能跑得很快。

烈日炎炎的夏天，总有很多虎甲在干燥多灰的田地里或城镇公地里跑来跑去。虎甲的外壳（鞘翅）是夹杂着紫铜色的亮绿色，上面还点缀着五个黄色的斑点。它动作优雅，飞得很快，难以捕捉。当你以为抓到了的时候，它会突然打开鞘翅，展开灵巧的透明翅膀，还没等你反应过来，就已经逃脱了。

你若是抓到一只虎甲，就会发现在其头部两侧有一双突出的大眼睛，还有尖利的锯齿形上下颌，用来撕咬猎物。它身体后侧的爪子覆盖着硬硬的鬃毛，可以帮助它保持平稳。

图6－1　有益的甲虫

1. 虎甲　2. 隐翅虫　3. 正在埋老鼠的埋葬虫

如今虎甲算是一种稀奇的动物。要找到它的幼虫，最好的办法是去它们出没的软沙地看看。留心找找沙里的小洞，尽量找那种能通往地下洞穴的洞。虎甲的幼虫会守候在洞穴通道的入口处，伺机抓捕路过的昆虫。当你靠近时，它就会立刻躲起来。不过，你若是拿根草在洞里摇转，幼虫便会抓住草叶，这时你就可以把草抽出来了。

接着，你会看到幼虫使用的工具。这些白幼虫又长又软，头部粗硬，颌部像镰刀，除了六只褐色的脚上带刺，它们背部那两块柔软的隆肉上也带着弯钩。一旦幼虫在地下孵化出来，它们就会用带刺的腿在软沙里挖通道，然后爬出来。虎甲的幼虫利用腿和背上的钩稳住身子，头部塞在洞口。由于这些可怜的弱小幼虫爬得很慢，所以它们只能静静地等待猎物上门。当有昆虫路过洞口的时候，幼虫就会猛然伸出头，把猎物拖进洞里。如果有耐心的话，你可以找到一些这样的洞穴通道，然后坐在旁边静静观察，就会看到幼虫捕食的情形。

土鳖虫（见图6－1之2）虽然长得有些丑，对人类却很有益处，因为它们吃害虫。尽管翅膀很小且长在鞘翅下面，它们又很少飞动，土鳖虫却是最厉害的捕猎者。有时你可能会看到大甲虫拖着长长的腿飞过草丛，深黑色的身子上带有红紫色纹。这就是专门捕杀小幼虫的紫土鳖虫。

有些非常奇怪的甲虫并不难找，你可能会对它们感兴趣，比如埋葬虫（见图6－1之3）。如果你在田地里或花园中发现死老鼠或死鸟，就悄悄把它们捡起来。如果它们的尸体在那里躺了好几天，就会散发出难闻的味道，这时你肯定能在它们的尸体下面发现两只或更多甲虫，长着厚实的身体和强壮的腿。它们通常是带红触须的黑甲虫，腹部有两条浅红色的条纹。

它们先把动物尸体下面的软土扒掉，让整个尸体沉下去，然后再拉来土盖在上面。想一想它们为什么要这么做呢？这是因为虫妈妈想在那里产卵，这样就为幼虫提供了食物。将动物尸体埋掉之后，虫妈妈就开始产卵，几天后幼虫就能孵出。幼虫长得很细，有六条腿，背部长了些刺。得益于这种身体结构，幼虫才能在动物尸体里不停蠕动，不停地吃，一直到把自己埋在地下，蜕变成甲虫。

很多甲虫既吃死的动物，也吃活的动物，这对人类是很有益的。其中，有些发光的黑色“伪装甲虫”会装死。碰到人的时候，它们的腿脚便会一动不动。

此外，夏天的晚上，在小路上也能看到闪闪发光的萤火虫。一个有心的园丁看到篱笆里有萤火虫，会轻轻地捉住它。如果方便的话，他会把萤火虫放到自家的花园里。

幼年的萤火虫其实是一种柔软的幼虫，它们常躲到蜗牛壳里吃蜗牛。如果你发现干蜗牛壳里有白幼虫，很有可能就是萤火虫的幼虫。它的尾巴上有一团白线，可以用来刷掉蜗牛的黏液。

当这些幼虫发育成熟后，很容易就能在晚上找到萤火虫妈妈了，因为它们会发出很亮的光。萤火虫妈妈没有翅膀，如果你没注意到它的六条小腿，会误以为是鼻涕虫。雄性萤火虫的尾巴旁边有两个发光的斑点，不过没有雌性萤火虫的荧光那么亮。它的鞘翅又软又长，翅膀宽大，常常飞到有亮光、开着窗的屋子里。

最后介绍一种有益的甲虫——瓢虫。瓢虫专吃那些危害植物的小虫和蚜虫。只要有蚜虫的地方，瓢虫就会产一堆黄色的卵。孵化之后，黑长的幼虫就爬上茎梗，用前腿把蚜虫塞进口中。过段时间后，幼虫会把尾巴粘到叶子上，悬挂在那里，直到长成瓢虫。然后它们又会飞到其他灌木丛中继续吃蚜虫和产卵。

课后作业：找只虎甲，尽量找到它的幼虫。在动物尸体下面找些埋葬虫。找到雄性和雌性的萤火虫。寻找瓢虫的幼虫。

第七课　黄蜂和它们的生活方式

我们都喜欢蝴蝶，因为它们很漂亮；我们也喜欢蜜蜂，因为它们能采蜜。但是没人喜欢黄蜂，因为它们会蜇人，还糟蹋花园里的水果。其实黄蜂很勤劳，也很有趣。作为食腐动物，它们主要吃腐肉、生肉和昆虫。只有在受到惊吓时，它们才会蜇人。如果你们不小心挤压到黄蜂，就可能会被它蜇伤。那些拍打黄蜂和见到它们飞过来就躲躲闪闪的人真的很傻，其实只要坐着不要动，就不会被叮到。

但我们还是要捕杀黄蜂，因为一旦黄蜂肆虐，水果就会颗粒无收。我们需要在春天和初夏时节加倍留心，因为这是黄蜂筑巢的时节。一般是少数几只大黄蜂先出动，蜂王（母蜂）紧随其后。相对而言，这时消灭它们比夏天摧毁蜂巢更加有人情味。因为夏天每个蜂巢的黄蜂多达三千只，有的甚至四千多只。多数孩子们都在夜间捅过蜂窝，但你们可能没有仔细观察过。现在咱们一起来看看它的筑巢过程。

蜂王会先在苔藓或草地下面过冬。它从那里钻出来后，就开始寻找地洞，比如被遗弃的老鼠洞或鼹鼠洞。它会爬进洞里，啃咬土块，并用后腿把土踢到洞外，慢慢把洞挖大。挖好之后，它会飞出去弄回一些树脂纤维和植物纤维。有时你们可能会看到它用颌刮窗框或柱子。这是它在收集碎木屑。带回洞里后，它会从口中吐些黏稠物，开始精心制作灰纸或者灰色硬纸板。

在灰纸变硬之前，蜂王将它涂在洞顶，结成厚实的一团，再把这团东西粘在树根上。然后，蜂王又开始重新寻找更多的纤维，在这个纸团下方筑造一些巢室。

蜂王在每个巢室内产卵后，又会开始做更多的灰纸，造更多的巢室。大约八天后，第一批卵就能孵化出一些没有腿的幼虫。蜂王用蜂蜜和昆虫喂养它们，但它仍然继续干活。大约三周后，这批幼虫会结茧。再过一周，它们就长成了工蜂。之后工蜂每天出洞。这时，蜂王会把筑巢的工作和喂养幼虫的任务全部交给它们，自己只负责产卵。

黄蜂不仅要筑造巢室，还要用一层层纸质圆顶盖在蜂巢上，看上去像是一把撑开的伞挂在顶层硬纸团上。当一层圆顶造好后，看上去像个圆盘，上面光滑，下方有很多巢室，全向下敞开着。

接着黄蜂会在圆顶下面做几根有黏性的柱子，用来支撑下方用同样方式新建的圆顶。它们会一直工作到八月份，到时应该能造好十五六个光滑的圆盘顶，一层接一层，由一些柱子连起来。接着它们把纸质圆顶盖拉到底部，这样整个蜂巢就成了一个圆形或椭圆形的球。由于黄蜂不储存蜂蜜，这些蜂房仅仅被用作幼虫的巢室。纸质覆盖物可以防止河边的湿气浸入蜂巢。

八月，它们开始筑造更大的巢室，里面孵化出的是雄蜂（见图7－1之1）。雄蜂的触须比工蜂（见图7－1之3）和蜂王（见图

7－1之2）更长，而蜂王的体形比雄蜂和工蜂都要大。很快，蜂王就会飞出蜂房与雄蜂交配。冬天来临的时候，雄蜂会先杀死那些还未长大的幼虫，接着自杀，因为它们自己渐渐变得嗜睡又笨拙，只留下蜂王一直睡到第二年春天。如果你们看到哪里有老蜂窝，就把它小心地捣出来。注意看看河岸里的长通道。黄蜂就是沿着这条通道进窝的，所以一般人都找不到它们的蜂窝。

图7－1　蜂

1. 雄蜂　2. 蜂王　3. 工蜂

有些黄蜂尤其是大黄蜂会把蜂巢建在屋顶下，或是老树干上。你们在树林里有时会发现树蜂的蜂巢挂在大树枝下。如果你们不跟踪树蜂回巢，就很难注意到这些蜂巢。它们和别的蜂巢差不多，唯一不同的是中间有一根厚纸柱。

除了常见的黄蜂，还有很多体形较小的黄蜂，你们可能已经见过一些。这些黄蜂十分有趣，喜欢把昆虫捉进洞里，然后用腿埋掉昆虫，这样它的幼虫孵化出来就有食物吃了。

有一种漂亮的小黄蜂叫作墙蜂（见图 7－2 之 1）。六七月的时候，你们可能会看到墙蜂在花园的墙壁上咬灰泥，或者在铺满沙砾的河岸上打洞。墙蜂比常见的黄蜂更小更黑，它的身体后侧有几条亮黄的条纹。墙蜂会在灰泥中挖通道，但是会留下碎泥粘在洞口周围。它先爬进洞看看一切是否准备就绪，之后就爬出去飞走了。很快，它又会带着绿色的小毛毛虫飞回来。墙蜂把小毛毛虫抓到洞里，又出去捉更多的小毛毛虫，直到捉满十五到二十只为止。

图 7－2　单居蜂

1. 墙蜂　2. 沙蜂

如果你沿着墙壁挖灰泥，打开它的洞穴通道，就会发现它的蜂卵挂在通道尽头的线上。在墙蜂第一次出洞捉毛毛虫之前，就把蜂卵放在这里。在卵和洞的之间，十五只小毛毛虫一个接一个地蜷缩在一起。奇怪的是，这些毛毛虫都是活的。墙蜂只是把它们蜇晕了，以防止它们逃脱。如果你们不去破坏它们的蜂巢，墙蜂用洞边的碎泥堵住洞口后就飞走了。当幼虫吃完毛毛虫，变成墙蜂后，会自动打通一条出去的路。

你可能还会见到一些沙蜂（见图 7－2 之 2），它会挖很多洞。无论是沙滩上、荒地中、小路旁还是花园里，只要是阳光充足的地方都能见到沙蜂的洞。其中有一种叫毛沙蜂，长着橙色的身体、黑色的头和弯曲的腿，它喜欢把蜘蛛拖到洞里给幼虫当食物。毛沙蜂非常强健，能把大蜘蛛拖进它的窝。

我在这里无法向大家介绍更多稀奇古怪的黄蜂。有些黄蜂把它们的蜂房存满甲虫，有的则存满蟋蟀。但是，现在你们已经对它们有所了解了。你们如果看到黄蜂，就可以跟踪它们、自己观察，这才是更好的学习方法。

课后作业：找个老蜂窝，最好能把它画出来。注意常见黄蜂的形状，并试着与其他的黄蜂作比较。要特别留意连接腹部和胸部的那根线的差异。

第八课　单居蜂

我们都了解蜜蜂，但你可能没有注意到在花园里飞舞的其他蜂种，它们有些和蜜蜂一般大，还有些小得多，带有不同的标记。

这类蜂种大多都是单居蜂，其中没有中性蜂，都是雄蜂和雌蜂成双成对地生活。另一些则是群居在铺满沙砾的河岸洞穴里，但它们不在一起工作。

如果你的小屋周围种有常青藤的话，你一定会经常发现一些小蜜蜂在花上飞来飞去。这其中很可能就有叉壁蜂（见图 8 -1 之 1）。它们大约只有半英寸（约合 1.3 厘米）长，黑色的身体上带有黄褐色的软毛，而且头顶长了两只小小的角。

如果你跟踪观察一只这样的蜜蜂，可能会看到它飞到腐烂的老树枝或者树墩上。把围在洞附近的树枝划断，你就会看到一个奇特的蜂巢。这种蜜蜂会凿出一条长长的通道，然后在最底端修建蜡黄色的小蜂室，用来产卵，以及贮藏用花粉和花蜜制成的食物。像蜜蜂一样，它的腿上也没有凹槽，所以它会把带有黏性的花粉先收集到身体下面厚厚的绒毛里，再用脚上的梳子把它刮下来。

图 8－1　单居蜂

1. 壁蜂　2. 睡蜂　3. 裁叶蜂　4. 梳理蜂

在产完卵和装好食物后，它就会用蜡把蜂室封好。然后在这个蜂室的顶端重新开挖新的蜂室，就这样一个接一个地挖，直到把通道填满。

但是最底端的蜜蜂是如何爬出来的呢？它是最先出生的，上面还压着八到十只蜜蜂。如果说它会等着其他蜜蜂先出去，似乎有点奇怪。在这个时候几乎所有的蜜蜂都表现得棒极了。如果生在下面的蜜蜂比其他的提前做好了准备，它就会把自己蜂室的外壳吃了，尽力从邻居旁边挤过去。但是如果碰到邻居个头太大，挤过去会伤害到它的时候，它就会耐心地等它们全部完成蜕变后再出来。

另外一种常见的小蜜蜂叫睡蜂（见图8－1之2），之所以叫这个名字是因为它总是睡在盛开的花朵里，你可以去这些花里找找看。这种蜂又瘦又黑，长着方形脑袋和坚实的颌，后身（腹部）有一些黄色的软毛。它也会在树枝里挖洞，但常在大稻草秆内筑巢。古时候，房子是用茅草盖的，由于成百上千只蜜蜂在草秆里筑巢，所以可能会听到它们在屋顶发出的嗡嗡声。

还有一种蜜蜂你肯定很想寻找，那就是裁叶蜂（见图8－1之3）。你见过玫瑰树上被裁剪成半月形的叶片吗？如果仔细观察，就可能看见一只蜜蜂正在辛勤裁剪。

这种裁叶蜂和蜜蜂差不多大小，但是壮实得多，黑色的身体上覆盖着一层棕色的软毛。它攀附在叶上，一边绕着圈走一边啃叶子。在快啃掉一块的时候，它就展开双翼，以便在空中保持平衡。将一块叶子咬下后，它就将其夹在脚和颌之间飞走了。

接着裁叶蜂爬进一个地洞，开始是段直路，然后转弯，就在地面下一直爬。把叶片放好后，它会再去拿回更多的叶片。它用几块碎叶做出一个用来产卵的套环，并在它周围放满食物，再用三到四片圆形碎叶将它封好。接着它就开始做另外一个套环，做好后往里面推一点，这样一来就能和上一个接起来。就这样做大概七间蜂室，每间里面都产有卵，并放上充足的食物，以保证幼虫能变成蜂。虽然很容易看到裁叶蜂裁剪叶子，但是要找到它们蜂巢的通道却一点也不简单，因为它们在顶端填上了泥土，所以就看不到入口。找到入口最好的办法就是跟踪一只一直在裁剪叶子的裁叶蜂。不过它动作敏捷，你也得动作迅速才行。当柳树木质柔软时，它有时也会在上面挖洞。

另外一种壁蜂则把巢穴筑在荆棘茎上。它把木髓蛀空后用以筑造巢室。当看到根部被咬断的黑莓茎的时候，你可以用小刀切一小段下来，看看里面是否有条穴道，穴道里是否有蜜蜂巢或黄蜂巢。

另外一种很奇特的蜜蜂叫作梳理蜂（见图 8 -1 之4），喜欢把植物茎上蓬松的绒毛和棉花剥下铺在通道里。你可能还记得知更草和剪秋罗茎上长着厚厚的软毛，这种梳理蜂会把这些软毛剥下来滚成球状，带回到地下的巢里，用来建造蜂室。

单居蜂像蜜蜂一样，在冬季的时候不储存蜂蜜，因此大部分在秋天就死亡了，只有一些蜂王能活下来，因为它们会爬进洞穴，一直冬眠到第二年春季，重新开始筑巢和产卵。

像这样的蜜蜂还有很多，我不在这里一一叙述了。你只要学会自己留心观察，很快就会注意到树上和地下的小洞，在其中肯定能发现一些奇特的动物。

课后作业：留心观察各种各样的单居蜂，尽量在春季的时候找到它们蜂巢的通道。

第九课　蜜　蜂

蜜蜂在我们自己家的花园里随处可见，但是我想大部分人因为觉得对它们已经很熟悉了，反而忽视了它们。这样其实挺遗憾的，因为养蜂是件很有趣的事情，很多的农家养蜂赚钱，工作之余也真正爱上了这些忙碌的小东西。

以前每次取蜜的时候，所有蜂窝里的蜜蜂都难逃一死，因此我们不能真的喜欢上自己养的蜜蜂。但是如今农家的蜂窝窝顶都备有木箱和玻璃箱了，这样在取蜜时就不会伤害到那些为我们尽心采蜜的小伙计们了。

蜜蜂是一种奇妙的昆虫。它和黄蜂一样有六条腿和两对翅膀，但是后面的两条腿要比前面的长，而且每条腿上的槽（见图 9 - 1 之 2）可以变成装花粉的篮子。它把花粉装好后，就带回家给自己的幼虫当食物。你可能经常会发现一只两条后腿都沾满厚厚花粉的蜜蜂爬进蜂窝。乍一看你可能会怀疑：它是怎么把花粉放到篮子里呢？但如果你再望向它腿的下面，就会发现它腿上的毛形成了一把小刷子（见图 9 - 1 之 1）。当它从一朵花里爬出来的时候，身上沾满花粉。它用一条腿上的小刷子把花粉刷下来弄成小块后，再用另一条腿把它放进篮子里。

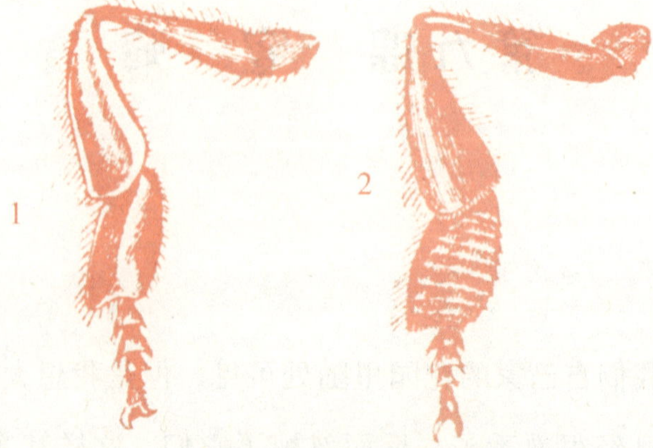

图 9－1　蜜蜂的后腿

1. 腿外侧　2. 腿内侧，带有蜜槽

蜜蜂在采蜜过程中，嘴是最有用的工具。不吮吸花蜜的时候，它的喙就缩在坚实的颌下。但是触到花蜜的时候，它的喙，实际上也就是长长的下唇（里面还有条毛茸茸的舌头），就会插到花朵里把蜜吸出来，然后让蜜顺着喉咙流进蜜袋或前胃里。

采完蜜后它就飞回蜂巢里。在进巢的时候，其他的蜜蜂会帮它把篮子里的花粉取出来。接着它会到各个蜂室，把喉咙里的蜂蜜逐一吐出来。这些蜂蜜有一部分是用来喂养蜜蜂幼虫的，其余的就储藏下来过冬。

然而，有时蜜蜂并不会把蜜吐出来，而是爬到蜂窝的顶部，用前足把自己倒挂在那里，一动不动。这样过二十四小时后，胃里的蜜就消化了，其中一部分变成蜂蜡，从身体下面流到八个小蜡袋

（见图 9－2）里。之后它就把自己放下来，爬回蜂窝，用坚实的颌把蜂蜡舔出来，再用舌头把它润化成糊，用来筑造蜂窝的蜂室。

图 9－2　蜜蜂及身体下面的蜡袋

蜜蜂在外出采蜜和采花粉的时候，还给园丁帮了大忙。还记得西胡芦这种蔬菜吗？只有当蜜蜂把花粉从一朵花传到另一朵的时候，它才能生长。植物的花开得艳，果树果实多，都是蜜蜂在花丛中飞来飞去传授花粉的功劳。

但是如果蜜蜂随意地把一种花粉传到另一种花上就没什么用了，因为不同的花粉并不能让种子生长。跟踪观察一只蜜蜂，你就会发现它几乎在每次出行中只采一种花粉。它会从一个紫罗兰的花坛飞到另一个紫罗兰花坛，或者就在苹果树间往返，但不会从紫罗兰花上飞到报春花上。我们虽然不明白蜜蜂的这种采蜜方式，但这种做法对我们来说是很有益的，因此每个园丁都要鼓励自己花园里的蜜蜂这样做。

如果想养蜂，你必须先了解一些基本知识。首先，对待它们一定要非常温柔，保持安静。这样它们很快就会和你熟识起来，知道你不怕它们。

接下来，如果要弄个稻草蜂房的话，它应该有六到八英寸（约合15.2～20.3厘米）宽，八到九英寸（约合20.3～22.9厘米）高，顶部是平的，而且要带一个用来插栓的洞。在花园里找一个温暖又遮阴的地方，把它放在离地面大概十五英寸（约合38.1厘米）的长木凳上。

到了五月份，买一窝邻居家刚飞出蜂房的蜜蜂。在你自家的蜂房里涂上香油和糖后，把它放到蜂群停留的树枝下。轻轻地摇动树枝，直到蜜蜂都飞进去。接着把蜂房倒置在一块木板上，到了晚上再轻轻地拿回自己花园里。第二天早上，你就会看到这些蜜蜂们已经在忙碌地工作了。不过那些又大又笨重的雄蜂在悠闲地游荡，反倒是那些小工蜂出去采蜜。它们采完蜜回来后，就一直把自己挂在蜂房里，直到它们的小袋里有蜂蜡流入，接着它们又开始筑巢。

如果你的蜂群是第一批离开蜂房的，位于蜂窝中部的老蜂王很快就会在蜂室产卵了，大概一天产两百个。而第二批蜂群则是由年轻蜂王领导，它在蜂房安居下来之前，会先和雄蜂一起在外面飞翔。

很快，工蜂们就会非常忙了。两到三天后，第一批卵孵化出来，护理蜂就用其他蜜蜂采集回来的蜜和花粉喂养幼虫。等五到六天后，它们就会把每个蜂室都封上，蜂的幼虫在里面吐丝作茧。再过十多天，这些蜜蜂就会破茧而出，和其他蜜蜂一起工作。

空出来的蜂室很快就会被蜂蜜填满。但这些蜜是棕色的，不像放进新蜂室里的纯蜜一样既白又干净。大约六周之后，蜂王会在更大一些的蜂室里产卵，孵化出的就是雄蜂。之后每隔三天蜂王会在蜂房边缘一个套环状的蜂室里产一个卵。这些幼虫要用特殊的食物喂养，它们未来会成为新的蜂王。

如果你的蜂房没有玻璃窗，你是看不到这些情景的。大约在六月初的时候，你可能会希望蜂房里满是蜂巢和蜂蜜。这时你需要把顶部的栓子拿掉，放上一个玻璃钟或一盒木块。蜜蜂将会在那里面筑巢，做好后你可以拿走。你应该先在里面放一小块蜂巢，以此吸引蜜蜂到里面筑巢。然后在整个蜂房上面盖上稻草或者一些旧布，让它保持一个温暖、干燥和黑暗的环境。

大约一个月过后，你就会发现蜂房上方布满了蜂巢，而且蜂室都封了口。这时你可以用蘸过康迪氏液的布把它取出来，蜜蜂不喜欢这种味道，因此不会靠近你。这些蜂巢里的蜜既纯又清，而且你可以在不伤害任何一只蜜蜂的情况下把它们取出来。

到了七月，你就可以再拥有一个或者更多的新蜂群了。等九月来临，你就需要拿掉蜂房顶部的覆盖物，用软木塞把它塞住以度过冬天。但是别忘了，你已经取走了蜜蜂储存的大部分食物，所以在寒冬时节要记得给它们提供蜜和糖作为食物。

课后作业：观察三种蜜蜂——雄蜂、雌蜂和中性蜂。观察工蜂的喙和后腿。找来一小块棕色蜂巢，里面带有它们残留的食物和小蜜蜂，将它和正宗的蜂巢作比较。观察花朵间的蜜蜂。找一个边缘带有套环状蜂室的蜂巢。

第十课　两翼苍蝇

自然界生存着许多和蜜蜂、黄蜂同属一类的小飞虫，比如祸害蔬菜的锯蝇，还有瘿（yǐng）蚊，它们能使橡树和其他树上长出奇怪的虫瘿。尽管我们把它们也称为“两翼苍蝇”，但我们通常还是通过真正的苍蝇来了解两翼苍蝇，因为它们其实有四翼，而真正的苍蝇只有两翼。

尽可能多地收集一些两翼苍蝇，例如普通的家蝇、青蝇、丽蝇、蠓、隐翅虫、马蝇等等。

马蝇（见图 10 – 1 之 3）和青蝇以腐烂物和动物尸体为食，如果利用得当的话，它们有很大的用处。但如果处理不当，任其大量繁殖的话，危害还是很大的。

如果你的房子里有很多苍蝇，肯定是因为某处很脏，因为马蝇能够在任何脏东西上产卵，比如粪堆、泥土堆、百叶窗或门的后面，或者没有打扫过的角落。

苍蝇一次大概产一百五十个卵。一两天后，那些没有腿的小幼虫就孵化出来了，它们以脏东西为食。再过四到五天，它们不再进食，静静待在幼虫的外壳里。这层皮会渐渐变硬，变成棕色。在夏天，只需一周它们就能完全长成，但是在冬天它们坚硬的蛹要好几个月才能破开。人们如果在秋季没有把房屋彻底清扫的话，第二年房子里很可能就会遭受蝇虫之害了。

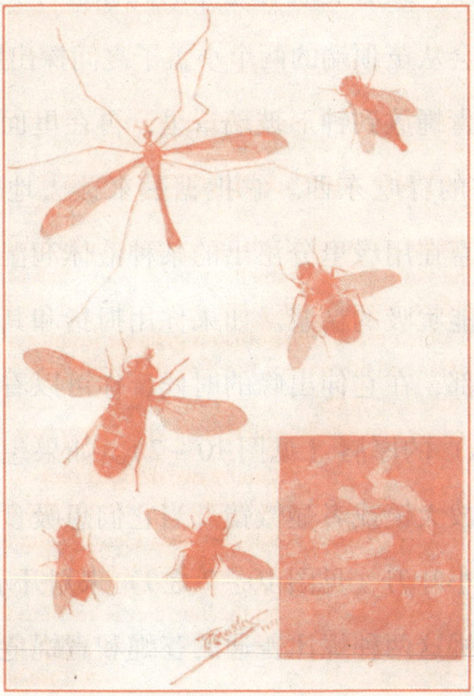

图 10－1　苍蝇

1. 丽蝇　2. 牛肤绳或牛皮绳　3. 马蝇　4. 牛蛇　5. 隐翅虫

a. 卵　b. 蛆　c. 蛹

青蝇或丽蝇（见图 10－1 之 1）能在任何一种肉或腐烂的动物尸体上产卵。这种蝇的幼虫孵出来后，对我们找到那些发臭的东西是很有用的，因为它们体内会分泌出一种液体让肉腐烂得更快，以便它们食用。

男孩子都知道青蝇蛆可以用来钓鱼。当它们吃完东西后，里面会变软，然后卷成蛋状。这时候它们体内会分泌出一种液体。这种液体能让外皮变硬，最后变成有光泽的红棕色外壳。青蝇在这个外壳里成形后，就会从茧顶端的两个小盖子之间探出脑袋来。

如果抓一只青蝇放到钟形玻璃罩里，再在里面放几粒糖，你会看到它会伸出它的喙吃东西。它把糖翻来覆去地转动，像是在玩耍。实际上它一直在用喙里分泌出的某种液体润湿糖块，以便把这块坚硬的糖化成能吮吸的糖浆。如果你用拇指和其他手指轻轻地按住一只青蝇的胸部，在它伸出喙的时候，你可以看到末端带有吸盘（见图 10－2 之 a）的厚唇（见图 10－2）。如果想看喙里面的小叶刀，就需要借助放大镜或者显微镜。当它们想吸食果汁的时候，它们就是用这里的小叶刀（见图 10－2 之 l）来划开水果皮。

牛虻和牛皮蝇这两种蝇比普通的苍蝇和青蝇危害更大。有一种小牛虻你一定很熟悉——当我们坐在室外的时候，它们会落在我们的手臂上或脖子上，狠狠地叮上一口，因此我们能感觉到它们的存在。我们之所以也把它称作马蝇，是因为它们夏天会猛吸马的血。还有很多种类是我们不太了解的，例如英国最大的牛虻大概有一英寸长。

和牛虻比起来，牛皮蝇要危险得多。它们不是用嘴咬食物，而是用腹部末端尖尖的针管刺进动物的表皮，以便在表皮下产卵。牛身上的牛皮蝇看上去很像非常小的蜜蜂，只不过比蜜蜂多了两只翅膀。它们用身体尾部尖尖的针刺开牛的表皮，然后在里面产卵。这些卵很快就会孵化，里面的蛆让牛饱受皮肉之苦，在牛身体的侧面或背部会形成一些大肿块。如果农民不把这些肿块里的蛆挤出来，并把患处包扎好的话，牛的肉质就会很差，再怎么喂养也没用了。当里面的蛆完全长成的时候，就会掉到地面上来进一步蜕变。

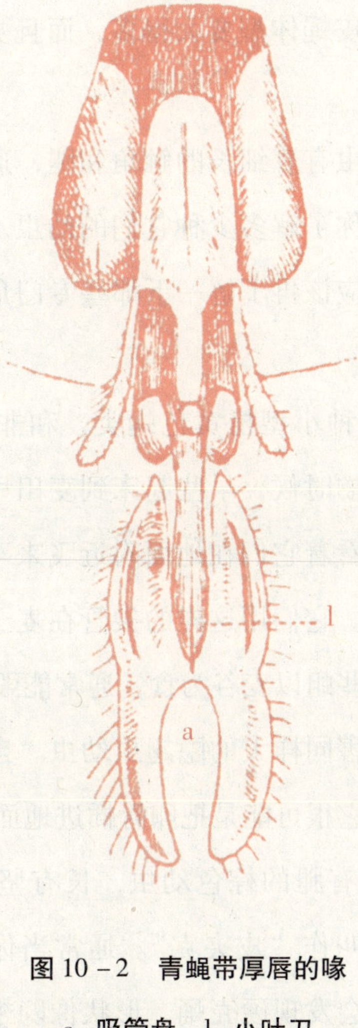

图 10－2　青蝇带厚唇的喙

a. 吸管盘　l. 小叶刀

而马身上的皮蝇不会在马的皮下产卵，它们是从嘴里分泌一点黏液粘到马肩上或者膝盖下的鬃毛里面。当这些卵孵化好后，马在舔自己身上的毛时，舌头的温度也帮助了蝇卵破壳而出。出来的幼虫顺着马的喉咙到达马的胃里后，就寄生在那里了。当完全长成的时候，就随着马的粪便排出。

为了防治这种幼虫，必须让马的皮肤保持清洁，毛发也要短。和家蝇比起来，这种皮蝇体型要大得多，而且身上毛茸茸的，还有亮黄色的标记。

那些像蚊子的小虫有着细长的触角和腿，通常在野地里和河面上飞来飞去，不知道你了解多少种它们的幼虫。之前我们已经介绍了那些蚊虫，但你还应该再了解一下那些专门危害小麦和其他谷物的吸浆虫。

小麦吸浆虫是一种小型橙黄色蝇类，和非常小的蚊子差不多大。在六月麦子开花的时候，早些起床到麦田里，可以在麦秆上摇下一些小麦吸浆虫，看着它们在地面附近飞来飞去。这类母虫身上有像毛一样细的尖管。它们用这样的尖管在麦子花上产卵，然后孵化出红色的小蛆。这些蛆以麦谷为食，通常能毁了一大半的收成。

你也应该了解危害同样大的隐翅虫幼虫。当你看到一只隐翅虫紧贴在一根草上时，它很可能是把卵管插进地面，在那里产卵。

这些卵孵化成没有腿的棕色幼虫，长有坚实的颌和一对短触角，英国农民把它们叫作“皮夹克”。通常当你在犁湿地的时候能发现它们。有时你也会发现硬壳蛹，形状像隐翅虫，只是收起了翅膀，缩回了腿，头上还多了两只角。它的腹部有刺，这是出壳时用来把自己拉上去的。

摆脱这些隐翅虫幼虫危害的最好的方法就是把土犁深，把卵和蛆埋起来，这样它们要么死去，要么无法到地面上来。还有就是在地上铺撒煤气石灰，或找到它们的天敌，譬如八哥就能从地里把它们找出来吃了，这对我们很有益处。

课后作业：找到青蝇的幼虫和蛹。观察青蝇的腿、身体和喙。找到家蝇的卵。找来一只马蝇。找到牛和马身上的皮蝇。找一只小麦吸浆虫和它的幼虫，还有隐翅虫的幼虫和蛹。

第十一课　蟋蟀和蚱蜢

我们已经介绍的昆虫都和幼时长得不一样，但是刚破壳而出的小蟋蟀和小蚱蜢是个例外。除了体型小点和没有翅膀外，它们从小到大几乎没什么变化。小蟋蟀和小蚱蜢跳跃以及吃东西的样子与它们的父母如出一辙。它们在蜕变的过程中要经历四到五次换壳。在最后一次蜕变后，我们就能看到它们皮下的鞘翅。等鞘翅长大一些，它们就能展翅飞翔了。

如果你做一个金属细网纱的笼子，把一些小蟋蟀放到里面，喂给它们湿叶子吃，你就可以观察到所有这些变化。但是不要像我朋友那样用细薄棉布罩在上面，因为蟋蟀有锋利的颌，很快就会把它吃光。

绿色的小蚱蜢在田野里很容易就能看到，但是大的就不太好找了。如果你知道它们在坚果树篱和树林的哪些地方，通常就能抓到一只。这种昆虫是很好的观察对象。它的头和前身（胸部）分离得很好，后背上有一对非常长的触角。颌非常锋利，如果你把它放在玻璃瓶下，喂一片叶子，就可以看到它如何运用双腿切割食物，然后用上下唇把食物送到嘴里，用颌去咀嚼。

如果你抓到一只雌蚱蜢，就会发现它身体的尾端有一根奇特的长管，或称作产卵器。在产卵的时候，它就把这根管用力插到地里。可以通过观察它来了解那些更小的昆虫是如何产卵的。

接下来你可能会想知道蚱蜢是怎么发出声音的，因为你一定还记得，没有昆虫能用自己的嘴巴发声。把你的手轻轻地放到绿色大蚱蜢的左前翼下方，在其与身体相接处的附近，你会看到一个锉刀状的东西（见图 11－1 之 e）。蚱蜢就是用它与另一翅膀边缘摩擦制造出粗粝刺耳的声音。

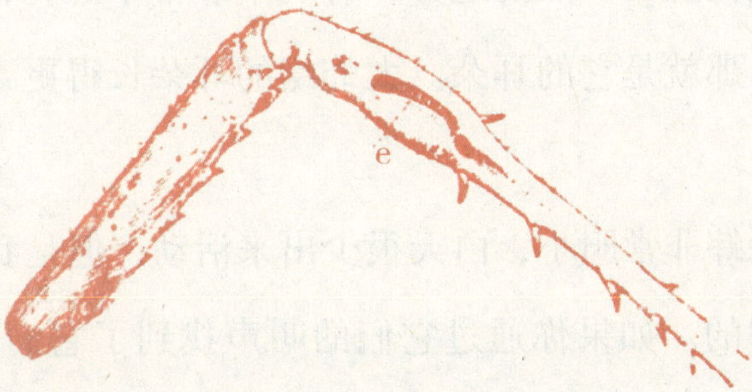

图 11－1　绿色蚱蜢的腿

e.“耳朵”

绿色小蚱蜢头顶竖着短短的触角。它的发声方式与大蚱蜢不同。它的“锉刀”位于后腿的内侧，它会将其与翅膀顶部摩擦。这种小蚱蜢实际是一种小蝗虫，和肆虐欧洲的蝗虫群一样，会吃掉身边所有绿色的东西。值得庆幸的是，我们的这些小伙伴虽然很贪食，却不像它们有那样大的破坏力。蝗虫没有产卵管，它们会把卵产到松软的土里，然后再埋起来。

蟋蟀和蚱蜢非常相似，也是通过摩擦翅膀发出声音的。如果你在厨房里抓到一只雌蟋蟀，就会发现它也有长长的产卵管。它一般在烤箱后面或靠近壁炉的地方产卵，从而可以一整年都待在温暖的环境中孵卵。

蚱蜢和蟋蟀发出声音并不是为了取悦我们，而是互相呼唤对方，因而它们一定是有听觉的。但它们的耳朵在哪里呢？我猜你肯定想不到。

观察小蚱蜢腹部第一个环圈上的翅膀，即位于后腿后面的翅膀下方。在呼吸孔上面一点的地方，有一个非常小的孔，孔上盖了一层薄薄的皮，那就是它的耳朵。大蚱蜢的耳朵长得更奇怪，在膝盖下面的前腿处。

尽管野蟋蟀非常胆小，白天很少出来活动，但是我猜你们对它还是有所了解的。如果你通过它们的叫声找到了它们居住的地方，拨开地面上的一片草就肯定能找到一只。许多乡下的孩子就是用这种方法抓野蟋蟀的。这种蟋蟀要比家蟋蟀大得多，身上的黄色更深，叫声也更刺耳。它也是园子里的功臣，因为它不仅吃植物，还吃昆虫。晚上它会坐在洞外等着捕捉猎物，但是白天它们总是躲在地底下。小蟋蟀们也是一整个冬季都待在地下，直到长出翅膀。

你们见过鼠蟋蟀吗？在英国的沙质地里，尤其是运河和河流岸边的湿地里，生存着很多这种蟋蟀。但是它们也不是遍布全国各地。它们非常胆小，只有晚上才出来活动。它们会发出一种奇怪的呱呱声，如果听到隔壁传来这种声音，我们可以断定那里有鼠蟋蟀。在河岸或花园的湿沙质地里找，如果看到好几堆泥土被掀开，很可能就是鼠蟋蟀正在地底下工作。

这是一种非常奇特的昆虫，身长大约有半英寸，小脑袋上有长长的触角，胸部宽敞，前腿又粗又扁，鼹鼠一样的大脚上有锋利的黑爪子，可以用来在地底下挖道。和鼹鼠一样，它全身覆盖着软毛，上面是棕色的，下面是黄色的。这些毛可以防止湿土粘在身上。如果它跑到园子里来，园子里就要遭殃了，因为它会到处挖道，吃植物的根和茎。雌鼠蟋蟀没有产卵管，因为它们并不想在地底下产卵。它在所挖通道尽头的一个房间里，大约会产两百个卵。小鼠蟋蟀在它们长出翅膀前要在那里住两到三年时间。如果你找到一个鼠蟋蟀巢，里面有几只小鼠蟋蟀，就可以看到它们奇特的形状了。

你对另外两种直翼昆虫肯定很了解，其中一种是地蜈蚣。很多无知的人一见到它就害怕，其实它们完全不伤人。它们身上的钳子用来把长长的后翼折叠起来，收到短鞘翅里。它们所做的唯一坏事就是吃花朵。雌地蜈蚣非常慈爱，一旦它的卵受到打扰，它就会把它们移走，并且一直精心呵护，直到它们完全长大。

另外一种是蟑螂，又被称作“黑甲虫”。但事实上它并不是甲虫，因为它们不是从幼虫蜕变而成的，而且身体是棕色不是黑色。小蟑螂和大蟑螂很相似，只不过个头小点，并且没有翅膀。雌蟑螂一直都没有翅膀。它放卵的方式很奇特，是装在身体末端一个像钱包一样的鞘里，之后把它藏在烤箱后面或者木板下面，直到卵孵化出来。这些鞘是棕色的，很坚硬，形状像豆子。鞘里大约有十六个卵，像豆荚里的豆子一样整整齐齐地排成两排。蟑螂是一种非常讨厌而且破坏性大的昆虫。它们什么东西都吃，而且身上气味难闻。

课后作业：找到不同种类的蚱蜢和蟋蟀，既要有发育完全的，也要有还没长翅膀的。观察地蜈蚣的翅膀。找到蟑螂的放卵鞘。

第十二课　蚂蚁和它们的载蜜蚁

蚂蚁是所有昆虫里最聪明的。在大多数的园子里有两种常见蚂蚁：一种是红色的，一种是黑色的。它们都在地下筑窝，用颌和脚把土清理出来，挖过道、建巢室。它们干活时，地面上方会有点隆起，形成蚁巢的圆顶，但没有山蚁堆出的土堆那么显眼。如果在蚁巢的一侧挖个深一点的洞，就可以打开巢室看到里面的幼虫。如果挖的洞不是很大，勤劳的蚂蚁会立刻把它修复好。

如果想观察小蚂蚁怎样从茧里出来，可以取走几只茧放到一小堆土里，上面罩上玻璃瓶。但是不要把幼虫放在里面，除非同时放入几只大蚂蚁，因为它们还不能自己进食。

如果把黑蚁和红蚁放在一起比较，你一定能把它们区分开。不仅颜色上有差别，它们的不同之处还在于，黑蚁身上连接前后两部分的细处只有一处圆形凸起（见图 12 - 1 之1），而红蚁有两处（见图 12 - 1 之2）。

通过这点我们知道红蚁身上有一根刺，而黑蚁没有。英国所有腹部有两个圆形凸起的蚂蚁都有蜇人的刺，而只有一个圆形凸起的蚂蚁身上没有刺（除了一个特例）。不带刺的蚂蚁在遇到敌人的时候，就用强有力的颌袭击它们，向它们喷出一种强酸液体。

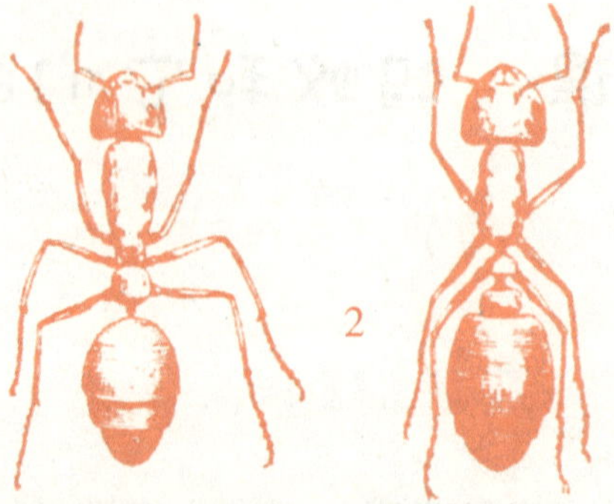

图 12－1　蚂蚁

1. 黑蚂蚁，身上有一处凸起　2. 红蚂蚁，身上有两处凸起

有一种小黄蚁住在我们房子里，偷吃我们的食物。它们有两个圆形凸起，身上的刺非常的锋利。记得有一次，我把一块蛋糕在橱柜里放了几天，切开时发现里面满是这种蚂蚁。它们一窝蜂地爬到我手上，刺得我生疼。这类蚁巢主要筑在壁炉后面。

如果把蚂蚁放到玻璃瓶里，再放进一块果仁或面包，就可以看到它们用外颌刮去食物的外皮，用小舌头舔去里面的汁液或油，最后就像蜜蜂和黄蜂那样，把食物送进内颌。你同时还可以看到它们进食中间会停下来，用前腿敲打自己的身体。仔细观察它敲打的样子，就会发现在它腿部上方靠近关节处有一个小骨刺，上面有五十多个尖齿。它的腿上还有一些粗齿。这些就是蚂蚁的刷子和梳子，可以用来刮擦身体，然后用外颌或下颌骨拉动它们把身体清理干净。

它们的眼睛很小，通常是用触角寻找想要的东西。这些触角竖立在蚂蚁那怪异的扁脑袋前面，是一种很神奇的工具。当蚂蚁想相互交流的时候，就用触角触碰对方，用这种奇特的方式告诉对方去哪里，要干什么。

虽然园蚁在地下住的地方要比山蚁深得多，但是仍然可以经常看到它们在园子里晒太阳，或者用下颌锯草铺巢，有时候又将蜘蛛或苍蝇撕成碎片。它们似乎总是跑来跑去忙个不停，好像完全不知道自己在干什么。但是只要你仔细观察，就会发现它们每个都有自己的目标。有些往巢里搬东西，有些沿着花茎爬到花上吸花蜜。在这些载蜜蚁把花蜜搬回家的路上，如果碰到负责其他工作的蚂蚁饿了，它们会慷慨解囊，把自己喉咙里的蜜吐出来给自己的伙伴吃。因为相互帮助似乎是蚂蚁们的原则。

如果能坚持每天观察，你一定会看到更奇妙的东西。我们在第一堂课介绍过，植物上的小虱子被称作“蚜虫”，专门吸取植物茎里的汁。但当时我们并没有提到，蚜虫身体的末端有一对小角。随着它们吸取的汁液越来越多，它们也越来越胀，甜甜的汁水常常就会从这对角里流出来。所以有时候你会看到它们的尾巴上在滴着水珠。

这种汁水就是蚂蚁的最爱。如果运气好的话，你也许能观察到园蚁吸食汁水，因为它会把蚜虫带到自己巢边的雏菊花瓣上。它跟在蚜虫的后面，用自己的触角敲打蚜虫的两侧，以获取从蚜虫的角里流出的一滴滴花蜜。

还有一群载蜜蚁安全地藏在地下，我们无法找到。蚂蚁把它们带进地道，放在植物的根上。整个冬天，它都会像对自己的幼虫一样好好照顾这群载蜜蚁，守护着它们的卵，喂养小载蜜蚁，一直到第二年春天它们能够开工。由于气候的原因，这里的蚂蚁有冬眠的习惯。但是在其他更温暖的国家，蚂蚁在冬季仍然为存储食物而忙碌着。

如果你挖开园蚁的巢，认真观察你挖出来的植物根部，很可能看到上面有蚜虫。如果把它们小心翼翼地放回去，它们还会继续生长，小蚂蚁就不会失去它的载蜜蚁了。

有一种身上无刺的黄色小蚂蚁叫作“草蚁”，它们通常在荒野和牧场大量繁殖。它们几乎会把所有的载蜜蚁都放到地下的草根上。当你犁地的时候，可能会切开草蚁巢，不妨停下来观察一会儿。它们首先要安置好自己的幼虫和茧，接着会立刻回去抢救那些绿色的小蚜虫，像对待自己孩子一样小心翼翼地搬动。

山蚁并不会把它们的载蜜蚁带回家，而是留在植物上。很多蚁群间的战争起因都是由于一个蚂蚁部落侵犯了另一个部落的载蜜蚁。一旦开战，双方的工蚁就会蜂拥而出，两个一组，发动进攻。它们立起后腿，用下颌相互撕咬，都想把蚁酸喷到对方身上。这样的战争一般会持续好几天，直到其中一方筋疲力尽。

打仗和取蜜都是工蚁的任务。一个大蚁巢里可能有上千只工蚁。蚁后除了产卵什么也不做。一个大蚁巢里可能有两到三只蚁后，它们不会像蜂后一样相互争吵。在产卵期间，蚁后没有翅膀。但到了夏季的时候，巢里就有很多长着翅膀的公蚁和母蚁慢慢长大。天气暖和的时候，它们会飞出蚁巢，像蚊子一样在空中上下飞舞，之后它们就无助地跌落下来，只能在地上慢慢地爬。这些公蚁要么被鸟吃掉，要么自己死去，一般没有回到巢里的。而那些大难不死的母蚁，有些会自己扯去即将脱落的翅膀，有些会靠工蚁帮忙。之后，它们有的会回到原来的巢里产卵，有的会加入到新的蚁群。

课后作业：尽可能地多找几种蚂蚁。养一些蚂蚁，喂给它们蜂蜜，并给它们弄点土用来筑巢。养一些植物上的蚜虫，观察它们的蜜汁。从侧面打开蚁巢来观察。小心翼翼地放回蚜虫和茧。

附录　昆虫种类的学名及说明

无翼：如跳蚤和虱子。

半翼：前面呈角状，后面是透明的。如臭虫、蚜虫、跳蛙和划蝽。

两翼：如苍蝇、蚊子和隐翅虫。

鳞翼：翅膀上覆盖着细小的鳞状物。如蝴蝶和蛾子。

鞘翼：前翅呈角状，形成翅鞘。如甲虫。

神经翼：翅膀上覆盖着一层神经网。如蜻蜓和蜉蝣。

直翼：翅膀上有扇状直褶。如地蜈蚣、蟑螂、螳螂、蚱蜢和蟋蟀。

薄膜翼：透明如薄膜般的翅膀。如蜜蜂、黄蜂、砂蜂、锯蜂和蚂蚁。

译后记

大自然是孩子最好的老师，可如今都市里的孩子们却绝少有接触自然的机会。两三岁的孩子就能认出街上大多数汽车的品牌甚至型号，但未必知道花坛里各种花儿的名字，至于野外的各种动植物就更不要提了。回想当初，我们这一代人小的时候，城市化进程尚未开始，城市中勉强还有一些能被称为“野外”的地方——不是公园，不是绿地，而是完完全全的荒地，那里野草自顾自地疯长到一米来高，不知名的野花尽情绽放，各种昆虫生机勃勃。上学的路上，如果看见迎着朝阳展露笑颜的牵牛花，心情就会莫名地高兴。路口那棵大树倾斜得厉害，几乎走着就可以上去，坐在树上看夕阳，是小时候的我们最快乐的时候。在野地里将高高的草丛顶端束在一起，再将底下的地面清理一下，仿佛造成了一个草帐篷，这就是孩子们的秘密小屋。

只可惜当时没有《奇趣大自然》这样图文并茂、生动有趣的丛书来告诉我们这些动植物的秘密。

本丛书虽是面对儿童的科普读物，但是翻译起来并不轻松，涉及科学的部分都必须要用最严谨的态度来对待。对于动植物的特点和习性，凡是不能确定的地方，我们都会查证专业的参考书籍。一些平日里知道的鸟类、昆虫或者植物的俗称，都会准确地翻译出学名。书中还有不少“一词多义”的现象，这个词本身可能很常见，但在具体的动植物学语境中，就有了不同的含义。正因为是儿童读物，不能忽视读者群体的特征，所以译文很注意让语言简单易懂，并在尊重原意的基础上，适当增加童趣性，尽量以说故事的方式来让孩子们学到知识。

从这套丛书中，孩子们不仅能学到丰富的科学知识——比如动植物的学名、各种植物的特点和生长规律以及各种动物的特征和生活习性，还能感受到浓厚的人文情怀。生命的出现也许只是一个偶然，但是在自然界中，没有哪一种生物是随随便便就能生存下去的。动物和植物也有前世今生、生老病死，它们也会团结协作、共生共存。春天的花儿不单单是为了让人类赏心悦目，更要以鲜艳的颜色和甜美的花蜜吸引昆虫前来替它们传递花粉，到了秋天才能结出果实。而这果实之所以如此鲜艳欲滴、甜美多汁，也并非全然为了人类而生，却是要引得鸟儿来将它吃下，再将种子传播到更远的地方。繁衍生息的每一环都是如此精妙，丝毫没有浪费多余之处，这就是神奇的大自然，而人类也是其中的一员。

如此优秀的一套丛书能够问世，要感谢上帝的眷顾，感谢翻译过程中黄荟云、李雨锦同学和张芳林老师的积极参与，感谢家人的无私支持，以及暨南大学出版社的鼎力相助。

最后，谨将本书献给译者陈曦即将出世的宝宝，以及译者夏星正在孕育的宝宝。

夏星于包河畔
陈曦于暨南大学